高等院校服装·纺织品艺术设计专业系列教材

高等教育"十四五"部委级规划教材

2021 年东华大学重点教材建设项目

2021 年东华大学美育名师工作室建设项目

手工布艺玩偶设计与工艺

汪 芳 傅鹏瑾 编著

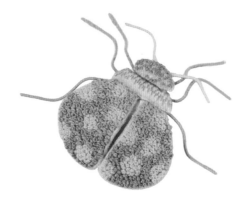

东华大学出版社

图书在版编目（CIP）数据

手工布艺玩偶设计与工艺 / 汪芳，傅鹏瑾编著 . --
上海：东华大学出版社，2022.6
ISBN 978-7-5669-2074-4

Ⅰ.①手… Ⅱ.①汪…②傅… Ⅲ.①布料－玩偶－
手工艺品－制作 Ⅳ.①TS958.6

中国版本图书馆 CIP 数据核字 (2022) 第 100162 号

责任编辑　赵春园
封面设计　张　丽

手工布艺玩偶设计与工艺
编　著：汪　芳　傅鹏瑾
出　版：东华大学出版社
（上海市延安西路 1882 号　邮政编码：200051）
出版社网址：dhupress.dhu.edu.cn
天猫旗舰店：http://dhdx.tmall.com
营销中心：021-62193056　62373056　62379558
印　刷：上海盛通时代印刷有限公司
开　本：889 mm×1194 mm　1/16
印　张：9.5
字　数：335 千字
版　次：2022 年 6 月第 1 版
印　次：2022 年 6 月第 1 次
书　号：ISBN 978-7-5669-2074-4
定　价：78.00 元

前　言

在人类历史长河中，世界各民族都有着自己的布偶，她是人类生活与人类文化不可或缺的一种样式，也是人类艺术活动的一种独特表现。

布偶全称布艺玩偶，产生的最初功能是针对儿童的娱乐需要与智力开发，既是启蒙教育也是爱的陪伴。如今，质地柔软、造型多样的布偶，还是人类的美好童年记忆，更为快节奏、高压力的成年人带来舒缓的慰藉和爱的温暖，由此，布艺玩偶也成为了具有更加意味丰富、需求广泛的精神产品。

布艺玩偶，按功能种类可分为儿童玩具、家居软装饰、观赏型布偶；按属性种类可分为商品型布偶、艺术作品型布偶；按生产方式种类可分为机械生产布偶和手工制作布偶。

时代发展，促使布艺玩偶在审美上趋向需求的多元化与形态的个性化，并伴随使用材料和工艺技术的不断发展，以及手工个性化制作与机械批量化生产的对比，布偶更加凸显出其鲜明独特的艺术魅力与文化价值，源远流长的布艺玩偶更加生机勃勃，这也是如今布偶设计、供需、产销经久不衰的缘由吧。

越来越多的年轻设计师与不断扩大的民间群体加入到布偶的设计与珍藏行列里。在欧洲、美洲、俄罗斯、日本以及中国台湾等地，有许多个性鲜明的布偶设计师与手工布偶品牌受到人们的广泛关注与喜爱，并激发了人们对手工式"慢生活"的认同感，成为一种寓物寄情的情感回归与爱的需求。

本书以纺织品艺术设计作为研究支点，通过六个章节，从理论到设计制作，结合染、织、绣等手工艺的发展与表达，全面介绍了以手工染色、手工编织、手工刺绣、羊毛毡化、手工拼贴、手工褶皱、"破坏性"装饰、填充等手工布艺玩偶设计制作的方法。通过实践案例传递传统手工艺的魅力与精神内涵，尤其针对艺术个性的玩偶创作与制作、文创产品的开发加以陈述。同时，在布偶制作与选材上，突出"可持续发展"理念下对纺织品旧物的利用与二次设计，以倡导环保绿色的布偶设计。

本书图文并茂，内容充分，可以作为纺织服装及产品造型等相关专业的一门必修与选修课程的教材与教辅用书，也是手工布偶设计师和爱好者学习的参考用书，同时适用于旅游纪念品设计、家居设计产品、服饰设计产品等相关系列产品的设计与开发，也适用于相关专业毕业设计的辅助参考。

2022 年 5 月作者于上海

目录

丹麦布艺玩偶品牌梅莱格（Maileg）的布偶产品

1 走进手工布艺玩偶

题记："一切手工技艺，皆由口传心授。"——香奈儿首席鞋匠 马萨罗

手工艺术是伴随着人类文明的进程发展而来的，它可谓是人类生活与精神需求下的综合表现，渗透在人类历史长河中的每一件艺术作品中。在人类早期就开始利用天然工具进行简单的加工制造，后来逐渐出现制陶、琢玉、烧瓷、冶金、织造、印染、印刷等手工技艺，并日渐成熟。随着工业时代的到来，人们对更快速、更便利、更有效的制物方法的追求导致生产方式发生了很大的变化，并对手工艺的发展产生了颠覆性的影响。

在追求低成本、高产量的生产大环境下，传统手工技艺在逐渐消失，手工匠人和手工艺作品慢慢减少。而如今，随着经济的发展和生活水平的提高，人们逐渐对机械化生产的批量复制性产品产生审美疲劳，消费者开始追求产品的艺术性和独特性成为必然，手工艺产品从而再次引起人们的关注，也成为一种消费潮流。

在当下社会文明和消费观念的促使下，手工艺的工艺技法急需继承与发展，与此同时，在追求利益至上、高生产率的环境下，手工艺中体现的工匠精神显得弥足珍贵。拥有 180 年历史的法国著名奢侈品牌爱马仕（HERMES）的核心理念是：忠于传统手工艺，步骤多重，反复严谨，材料上乘。爱马仕在 2011 年推出记录片《匠心》(*Hearts and Crafts*)，将 170 年来从不对外开放的爱马仕工坊"HERMES PARIS petit-h"向外界展示，以记录工匠手工完成的皮件、钟表、丝巾、珠宝制作，通过镜头呈现了手工制品的艺术价值，更呈现了其匠心精神。

作为手工艺表现之一的布偶，有着悠久的历史与传统，世界各国都有布偶设计与制作的不同表现，体现不同时间和地域的特点，甚至也是一种地域特色和文化表现的载体，更是艺术、实用、商业和社会的综合体现。

布偶可作为儿童玩具、家居软装饰，以及观赏型的收藏品，因此具有多重的消费市场和消费人群。按照布偶的属性，可将其分为商品型布偶和艺术作品型布偶；按照生产方式，可将其分为机械化批量生产布偶和手工制作布偶。

当下在欧美、日本等国家和地区，许多具有自己风格的布偶设计师受到人们的关注和喜爱，他们设立自己的工作室，设计与制作出具有鲜明个性的作品并形成品牌。

如图 02 为毕业于英国皇家艺术学院的苏格兰布偶设计师唐娜·威尔森（Donna Wilson），在毕业展览上，她设计并手工制作的针织玩偶深受好评。唐娜·威尔森在毕业后就建立了自己的同名家居装饰品品牌唐

娜·威尔森（Donna Wilson），在伦敦设立的设计工作室，批量生产布艺玩偶进行销售。

　　具有商品属性的手工布艺玩偶分为两种情况，一种是通过廉价劳动力进行复制手工完成制作的布艺玩偶，另一种是由艺术家或设计工作室完成的具有艺术观赏价值的手工布艺玩偶。后者由于其完成后大多不再进行复制制作，加上手工制作费时费工，其价格比一般手工布艺玩偶昂贵，属于较为高端的产品。这类布艺玩偶突出艺术观赏价值，以满足人们心理与审美的需求予以收藏式购买。此类手工布艺玩偶主要通过艺术展会、设计师店铺以及定制等方式进行销售，并有其固定的消费人群和市场，也有较好的消费前景。

　　不具有商品属性，即以纯艺术品的形式存在而不进行售卖的手工布艺玩偶，大多在画廊、展会中进行展示，这类布艺玩偶多以艺术品——软雕塑类型地存在，其作者也类同通常意义的画家型艺术家。

　　因此，手工布艺玩偶根据创作者对其定位和艺术价值的高低决定其属性，布艺玩偶也逐渐成为介于艺术品和产品之间的一种存在，甚至有时他们之间的界线存还有一定的模糊性。

图 01 英格兰约克郡的手工艺术家米斯特·芬奇（Mister Finch）
图 02 苏格兰布偶设计师唐娜·威尔森

图 03 美国纽约的华裔布偶艺术家安德鲁·杨（Andrew Yang）
图 04 2018 年上海国际拼布展中展出及售卖的手工布偶作品，作者拍摄
图 05、06 2021 年俄罗斯莫斯科国际玩偶艺术展
图 07 法国手工布艺玩具品牌 MyuM 的产品

1.1 手工布艺玩偶的概念

手工，涵盖"手艺"和"工匠"的意思，在《辞海》中释义为：靠手的技能做出的工作。手工是指非机器设备批量生产而是用手操作，由人工制作生产。在工业化生产刚刚兴起时，"手工"意味着生产率低、品质参差不齐。而当工业生产高度发展的阶段，工业化流水线生产的无差别产品不再能满足现代人们的审美，手工制品又开始逐渐恢复活力。如今，手工制品的命名后往往会跟一个"艺"字，即我们常说的"手工艺"。由于手工制品的人力成本高，因而手工制品相对于其商品属性，会更加强调其作为艺术品的属性。

手工艺是指以手工操作进行制作的具有独特艺术风格的工艺美术，本书中的手工布艺玩偶中所涉及的手工艺包括传统与纺织品相关的工艺：印染、织、绣、毡合面料工艺，以及制版、剪裁、缝纫等制作工艺。由于材料、工具的发展，今天的手工艺在传统的基础上得到了很大的发展。

手工布艺玩偶区别于工业机械化的生产方式批量生产规格化的布偶产品，手工布艺玩偶最早是指完全纯手工制作完成的布偶，但随着现代社会制作工具的发展和成熟，手工布艺玩偶的概念可指纯手工或者借助工具制作完成的布偶，即可以借助缝纫机、绣花机、拷边机等机械工具，但前提是手工作业仍然是其主要的制作方式。

布，在《辞海》中释义为：棉、麻及棉型化学短纤维经纺纱后的织成物——布匹、布帛、布衣。布的概念包含在纺织品的概念内，纺织品，在《辞海》中解释为：纺织品即纺织产品。包括各类梭织物、针织物、编织物以及非织造布、线、绳类、带类等。布艺，字面的直接理解为布上的艺术，现在我们可以理解为以纺织品为主要材料结合染、织、绣等多种传统或现代的工艺方法的艺术加工达到一定的艺术效果所形成的艺术形式。布艺品可以按照其具体材质、使用功能、空间、设计特点、制作工艺等进行分类。布艺作为"软装饰"，在现代家居空间和公共空间中越来越受到人们的青睐。

偶，在《辞海》中释义为：偶像。如木偶、土偶等。玩偶，较为传统的理解是指供儿童玩耍的玩具，取自动物形象的玩具通称为玩偶。布艺玩偶是指以纺织品为材料，经过设计和加工制作而成的具有人或动物形态特征的物件，也称为布偶。狭义的布艺玩偶是指完全以纺织品为材料制作而成的玩偶。广义的布艺玩偶是指以纺织品为主要材料，即玩偶的主体（身体以及服装部分）是由纺织品为材料完成，结合少量其他材料（如木材、黏土、塑胶、金属等）制作而成的玩偶。本书所提及的布艺玩偶是广义上的布偶概念。

综上，手工布艺玩偶，即为以纺织品为主要材料通过手工为主的制作方式设计并制作的具有人或动物形态特征的物件。在中国，布艺玩偶也称为布娃娃。有些属性更偏向艺术领域的布偶作品也被称为软雕塑（soft sculpture），这个概念在国外艺术家的作品中较为常见。

从材质方面来说，与木头、塑胶、金属、陶瓷等其他材质相比，纺织品材质具有柔软、安全、可塑性强的特点。纺织品材料的种类繁多，不同质地的纺织品材料制作而成的布艺玩偶能产生不同的视觉感受、触觉感受和心理感受，如毛、呢、绒类纺织品的丰厚感；丝、绸、锦、缎类纺织品的丝滑细腻感；棉、麻类纺织品的朴素感；纱类纺织品的薄透感等。

图 08 ～ 12 手工创作所运用的不同材质、颜色、纹样、肌理的面料及线、剪刀等缝纫用具

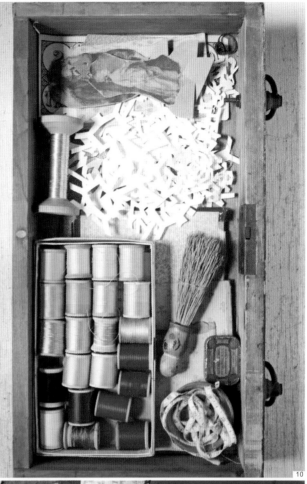

1.2 布艺玩偶的历史与现状

布艺玩偶的起源与发展有着深厚的文化背景和历史因素，在一定程度上，它反映了不同历史时期人们的生活状态。布艺玩偶是历史悠久的玩具种类之一，世界各国都有布偶设计和制作的历史。

在中国，布艺玩偶起源于民间，是妇女们在劳动之余利用零碎边角布缝制的一些用来取悦孩子的小玩具，布偶带有当地的地域特征和民族特色，通常都带有美好的寓意。比如造型敦厚、五官夸张的布老虎，民间认为老虎是避恶驱邪的神兽，能够保佑儿童健康成长。这使得布艺玩偶从最初诞生起就带有浓厚的生活气息，从一定程度上记录了一个民族的民俗风情和生产劳作状态，也是人们的一种情感寄托。

布艺玩偶开始大规模的生产和销售最早出现在西方，已有 200 年以上的历史。较早的人形布艺玩偶出现在 19 世纪中后期的美国，并有一些设计师和布偶艺人为设计制作的布艺人偶申请了专利。19 世纪晚期的人形布偶题材主要有黑面人偶、孩童人偶、绅士偶等。

较早的动物形布艺玩偶包括最早利用羊皮、碎布等材料制作的泰迪熊（Teddy Bear）系列，泰迪熊的命名是由美国第 26 任总统西奥多·罗斯福（Theodore Roosevelt）的昵称"泰迪"得来，它本是一个针对 1903—1912 年间制造出来的熊布偶的专有名词，但现在其发展成为一种熊类布偶的代名词。泰迪熊在欧美国家不再是一般玩具的概念，而是被赋予特殊的纪念意义和文化意义，甚至作为陪伴几代人成长的家庭成员。许多国家和城市都建立了泰迪熊博物馆，世界上第一个泰迪熊博物馆于 1984 年建立于英格兰的汉普郡彼得斯菲尔德（Petersfield, Hampshire）。中国首家泰迪熊博物馆在 2012 年建立于成都，馆内收藏了来自世界各国极其珍贵的限量版泰迪熊，并设有泰迪熊 3D 影院及其主题互动娱乐区和主题场馆。

现在世界各国有上百个泰迪熊品牌，较为著名的有德国的史戴芙（Steiff）、赫尔曼（Hermann）、科森（Kosen），英国的玛丽绍特（Merrythought 一词源于 17 世纪的古英文，意指许愿骨），美国的 R. 约翰·莱特（R.John Wright）、TY、博伊德（BOYDS）、冈德（GUND），加拿大的冈兹（GANZ），韩国的奥萝拉（AURORA）等。其中价格昂贵的优质泰迪熊是手工制作的，而普通的泰迪熊则是机器制造的工业商品。其中有着 140 余年历史的德国的史戴芙公司被称为世界上最具有收藏价值的泰迪熊品牌，品牌拥有诸多限量款以及经典款，每一只泰迪熊都有品牌专属的"金耳扣"标志，在公司官方网站中在售的泰迪熊产品价格从几十英镑到几百英镑不等。现在除了著名的泰迪熊公司设计和生产泰迪熊外，还有一些艺术家专门设计和手工制作泰迪熊，这类艺术家创作的泰迪熊在保留了其基本样貌的基础上进行了艺术化加工，使其具有个人特色和风格。如图 22 为泰迪熊艺术家娜塔莉娅·苏拉诺娃（Natalja Suranova）及她创作的泰迪熊作品。

20

21

22

图 13 作者收藏的中国北方手工传统布老虎，作者拍摄
图 14 中国传统老虎帽，藏于蒙城博物馆
图 15 中国清代黄缎钉金线虎头小裕鞋，藏于故宫博物院
图 16 中国陕西省黎城县传统手工艺品黎侯虎
图 17 ~ 19 中国传统民间布玩具

图 20、21 德国史戴芙公司的泰迪熊，耳朵上都有其品牌专属的"金耳扣"标志
图 22 艺术家娜塔莉娅·苏拉诺娃及她设计并手工制作的泰迪熊

早期的布艺玩偶在题材范围、造型设计以及材料选择上都较为单一，结构和制作工艺也较为简单。随着纺织材料和工艺的发展，设计水平和审美能力的提高，布艺玩偶在设计和制作上的水平都有所进步。

在受众方面，布艺玩偶不再仅仅是儿童的玩伴，它的消费人群的年龄层次跨度逐渐变大，受到各个年龄阶层消费者的喜爱。2011年迪士尼发行的《布偶大电影》（The Muppets）中一共设计制作使用了120多个布偶形象，2014年《布偶大电影2》（Muppets Most Wanted）于美国上映，受到所有年龄段观众的喜爱。

布艺玩偶在玩偶类中的消费占比具有绝对优势，在2013年度阿里巴巴集团玩偶消费类目和占比中，布艺玩偶占据92.75%的市场份额。不论是批量工业化生产的布艺玩偶还是手工制作的布艺玩偶，都逐渐形成品牌化，在不同程度上受到人们的喜爱。批量化生产的布艺玩偶

从最初的手工缝制、填充，发展成为利用电脑设计建模、机械化流水线生产的模式，中国成为了工业生产布艺玩偶的大国。手工布艺玩偶具有独一无二的不可复制性，而使其往艺术品方向发展，具有观赏收藏价值，近年来国外出现了很多具有独特风格的手工布艺玩偶艺术家，随着手工布艺玩偶潮流的盛行，国内也出现了大量手工布艺玩偶爱好者。

图23 2011年发行的迪士尼动画电影《布偶大电影》海报
图24 2014年发行的迪士尼动画电影《布偶大电影2》海报
图25～27《布偶大电影》中的布偶角色形象

图28～30 毛毡动画师安德里亚·洛夫（Andrea Love）创作的毛毡布偶动画《郁金香姑娘》（Tulip）
图31～34 瑞典动画师安娜·曼扎里斯（Anna Mantzaris）用布艺玩偶创作的定格动画
图35、36 美国艺术家玛吉·鲁迪（Maggie Rudy）用老鼠布偶创作童书

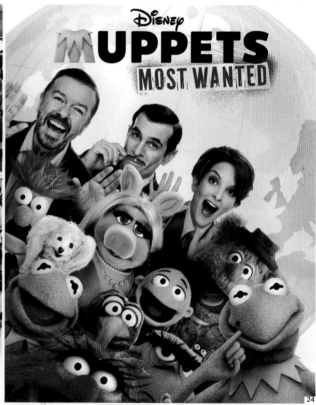

1.3 布艺玩偶设计的地域特征

地域之间存在着历史文化、风俗传统、宗教信仰、经济水准、生活习惯、气候地貌等的差异，这些差异不但影响着设计师，也同样影响着消费群体。创立于1929年的美国《商业周刊》，曾经将有着与布艺玩偶相近特性的芭比娃娃评价为："她不仅是个玩具娃娃，她是美国社会的象征。"不难看出，布艺玩偶的设计和制作受到所在地各种因素的影响。

以中国的布老虎为例，虽然布老虎最早的样式已很难考据，其整体呈现的风格以夸张、变形为特征，但在中国各个地区，因民族风俗文化的差异，导致各个地区的布老虎的不同，并带有一定程度的地方特色。

如东北地区的布老虎，颜色多以红色为底色，装饰色较为丰富，结合印花布、刺绣、贴布等细节装饰，风格呈现喜庆和花哨样式，具有浓厚的东北地区特色。北京地区的布老虎颜色多以红色、黄色为底色，黑色、白色、绿色为主要装饰色，风格较具有简约、淳朴和古拙气息，现在还出现与京剧脸谱元素相结合的布老虎。河南地区的布老虎颜色多以黄色为底色，黑色、白色、红色、绿色四色为装饰色，头为方形，造型较为简洁，装饰图案多圆点、线条和花卉。山东地区的布老虎颜色多以红色、黄色为底色，黑色、蓝色、白色、绿色等为装饰色，造型特点为"三大一小"：眼睛大、嘴巴大、头大、身体小，较为笨拙、憨态可掬。山西地区的布老虎颜色多以黄色为底色，装饰色较为丰富，造型较为生动、夸张、华丽、粗犷，有丰富的纹饰，嘴巴与其他地区布老虎大有不同，多结合麻绳材料，还常与五毒、鱼等其他元素相结合。江浙（苏北）地区的布老虎也称为"封侯虎"，颜色多以红色、黄色、黑色为底色，造型特点也为明显的"三大一小"：眼睛大、嘴巴大、头大、身体小，但与山东布老虎相比更显稚趣，整体较为圆润。

地域文化对布艺玩偶产生影响的同时，布艺玩偶也从一定程度上反映一个地区的风土人情。如图41～43，北欧手工制作布艺品牌蒂尔达（Tilda）中的布艺玩偶就带有明显的北欧设计风格。北欧地处高纬度，夏季有极昼，冬季有极夜，导致了北欧风格的设计偏向明亮、活泼的颜色；北欧人崇尚自然，拥有广袤的森林与植被，因而北欧风格中植物成了重要的设计元素。蒂尔达布艺玩偶以原木色作为布偶的皮肤颜色，布偶的服装使用的是品牌原创的植物纹印花工艺的棉麻面料，色彩明亮的面料图案与布偶造型结合，彰显出自然淳朴的北欧特色。

图37 作者购买并收藏的中国北方地区布老虎，作者拍摄

图38 江浙地区布老虎

图39 山西地区布老虎

图40 河南地区布老虎

图41～43 蒂尔达品牌带有北欧风格的手工布艺玩偶

图44、45 俄罗斯艺术家纳德兹达·科罗瓦什科娃（Nadezhda Korovashkova）和她的工作室"Ivan da Marya"成员创作的布艺人偶，纳德兹达·科罗瓦什科娃生活在俄罗斯的摩尔曼斯克，这些布偶的服饰在很大程度上受到当地民族服饰的影响

图46 作者于尼泊尔购买并收藏的身着尼泊尔民族服饰的传统手工布艺人偶，作者拍摄

图47 中国新疆艺术家单秀梅创作的新疆题材布艺人偶，单秀梅将新疆文化和布偶创作结合

1.4 布艺玩偶设计的功能表现

布艺玩偶的功能主要可分为实用功能、观赏功能以及承载人们祈愿和纪念的情感功能。有些布艺玩偶在具有实用功能的同时也具备观赏功能，而有些具有观赏功能的布艺玩偶也具有能够满足人们精神需求的功能，布艺玩偶的功能表现之间的划分是相对的，不是绝对的。

1.4.1 实用功能

布艺玩偶最初产生的实用功能就是为了满足儿童的娱乐需求，同时又可以开发儿童智力，起到启蒙教育和陪伴的作用。在当今社会生活中，布艺玩偶不仅仅是儿童的玩伴，也成为成年人的一种消费产品。快节奏和高压力的生活，促使人们对无忧无虑的童年生活产生向往和怀念，质地柔软、造型各异的布艺玩偶能带给人们慰藉和温暖，并在潜移默化中影响人们的情绪和情操，满足人们的精神需求。随着人们生活观念和生活方式的改变，人们对布艺产品的喜爱程度不断上升，随着布艺品设计能力和创意能力的逐步提升，布艺玩偶也逐渐开始和功能性的产品相结合，使之具有一些实际的使用功能，这主要体现在家居产品和服饰品中。

在家居产品中，与布艺玩偶相结合的产品造型独特、趣味性强。在布偶原形的基础上对造型进行适当的改变和夸张，使之成为具有功能性的实用产品。在抱枕、U 形枕、毯子、地垫等产品中均有所体现。如将布艺玩偶内部的填充物更换成小毯子，拉出可以进行使用，将毯子塞回布偶内则恢复布偶原形，既节约储存空间又美观。或与声、光、电进行结合，使之具有特定的实用功能，如图为 49、50 布偶造型基础上的灯具产品，在保留了独角兽、狮子形态特征的基础上夸张其尾巴和脖子部分的造型，与灯具的设计原理相结合。与其他灯具产品相比较，它质地柔软，有助于营造温馨的家居氛围，同时具有布艺玩偶所带有的童趣色彩，给使用者带来轻松与愉悦感。

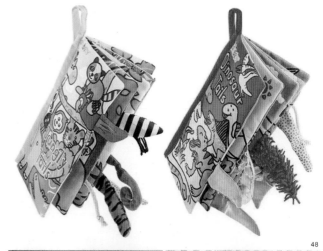

图 48 婴儿用品品牌祖利宝宝（jollybaby）的婴儿认知早教立体布书，根据动物的尾巴特征用不同颜色和材质的面料做成立体尾巴，婴儿可以抓握且安全性强

图 49、50 动物形布艺玩偶造型基础上的落地灯和台灯

图 51、52 西班牙服饰品牌飒拉（ZARA）的雨伞，其中雨伞套是骷髅布偶，雨伞是其中的填充物

图 53 结合手工布艺玩偶的清扫工具

图 54 老鼠编织布偶冰箱贴

图 55 ~ 57 法国艺术家安妮·瓦莱丽·杜邦（Anne Valerie Dupond）和日本品牌 YUTA MATSUOKA 合作款，运用布偶装饰的服装

图 58 汤姆·布朗 2020 秋冬秀场，皮革面料的动物布偶手提包

图 59、60 汤姆·布朗 2014 秋冬秀场，动物布偶元素头饰

图 61、62 英国服装品牌西比琳（SIBLING）2015 秋冬男装秀场中的布艺玩偶

在服饰产品中，布艺玩偶的运用主要分为两类：第一类是机械化批量生产具有实用价值的布艺玩偶衍生商品，其作为装饰品点缀在时装产品中，或者直接作为服饰品使用，如胸针、钥匙扣、背包等。第二类是出现在国际时尚品牌秀场中的手工布艺玩偶的衍生设计，其改变了布艺玩偶的形态，但仍然具有布艺玩偶的要素，如著名男装设计品牌汤姆·布朗（THOM BROWNE），从 2014 年秋冬秀场后几乎每一季都会融入动物布偶元素，主要应用于头饰和箱包中，如图 59、60 为汤姆·布朗 2014 秋冬男装秀中运用动物布偶元素的帽子，本系列共有 21 套服装，其中有 17 套服装的头饰设计运用到了兔子、大象、青蛙、熊、鹿、鸟、浣熊、狐狸等动物布艺玩偶元素，这类服饰布偶衍生设计依附于服装设计存在，不属于日常服饰范畴，主要应用在秀场中增加服装的系列感、形式感，提升故事性和趣味性。

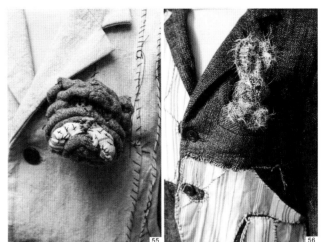

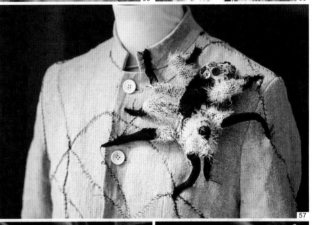

1.4.2 观赏功能

具有观赏功能的布艺玩偶大多是艺术品类的布艺玩偶，这类布艺玩偶通常数量较少，或是由艺术家设计创作，通过手工制作完成，且是独一无二的。布艺玩偶的观赏价值达到一定程度的时候就会具有收藏价值，这类布偶通常造价也较高。图68为美国布艺人偶艺术家雪莉·桑顿（Shelley Thornton）的布偶作品，其不通过零售店而是直接向收藏家出售，且接受布偶定制，每只布偶作品的价格在4000美元左右。雪莉·桑顿于1995年被选为美国国家娃娃艺术家协会（National Institute of American Doll Artists）会员，作品被各大博物馆收藏。她的三只布艺人偶作品被收录于2007年英国斯特林（Sterling）出版公司出版的《500个手工玩偶》（500 HANDMADE DOLLS）一书中。雪莉·桑

顿的作品具有独特的结构造型，布偶服装图案及色彩的运用也表现出艺术家的强烈个人风格，作品极具艺术魅力，具有很高的艺术观赏价值和收藏价值。

由艺术家手工制作具有观赏功能的布偶，往往不仅具有美观的外在表现，而且具有独特的艺术语言，是集创作者情感的表达、思想的体现和风格的展示为一体，尤其是赋有个性与创意性。做工精细的手工布艺玩偶受到布偶爱好者和收藏家的喜爱，呈现出观赏意义和收藏价值。在美国的玩偶艺术家协会和原创玩偶艺术家协会定期主办的玩偶艺术展、俄罗斯人偶展、莫斯科国际艺术玩偶展等展览中，可以见到艺术家最新创作的各式极具风格特色和艺术特色的手工布艺玩偶，为手工布艺玩偶爱好者提供了观摩和交流的平台。

1.4.3 情感及纪念功能

　　部分具有独特意义的布偶设计也能满足人们特殊的精神需求，给人带来精神上的寄托。如中国陕北洛川的替身娃娃，在当地风俗中被视为保护神灵，可以代替孩子免去灾难，保佑孩子平安成长。日本的晴天娃娃，被认为可以扫去阴霾，迎来晴天，代表对美好生活的追求和向往。而作为吉祥物和纪念品的布偶，大多带有当地特色并具有吉祥寓意，这类布偶承载了对一段时光、旅程或是一个城市的记忆。如 2022 年北京冬季奥运会的吉祥物"冰墩墩"和 2022 年北京冬季残奥会的吉祥物"雪容融"，"冰墩墩"将代表中国的熊猫形象与有超能量的冰晶外壳相结合，寓意创造非凡、探索未来，体现了追求卓越、引领时代，以及面向未来的无限可能。"雪容融"以代表中国春节的灯笼为创作原型，寓意点亮梦想、温暖世界，代表着友爱、勇气和坚强。这两款吉祥物是 2022 年北京冬奥会和冬残奥会的见证和精神象征，成为人们精神和记忆的载体。

　　部分布艺玩偶的设计和制作具有一定的纪念目的和意义。德国著名设计生产泰迪熊的史戴芙公司拥有一系列纪念版泰迪熊，如会员才可以购买的会员熊、为纪念特殊事件设计制作的特殊事件熊、根据不同地区地域风情和文化特色设计制作的地区发行熊，以及为特殊人物和机构设计制作的泰迪熊。2009 年，为庆祝公司成立 125 周年史戴芙公司推出了全球限量生产的 125 只黄金绒毛泰迪熊，编织的绒毛中含有金丝线，每只售价约 7.3 万美元，作为限量纪念版泰迪熊，对泰迪熊爱好者来说有很高的市场价值和纪念意义。

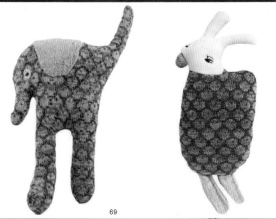

图 63、64 服装品牌 Teatro Latea 2012 秋冬秀场，结合猫形针织布偶的针织服装

图 65 猫的布艺玩偶造型基础上的针织围巾

图 66 波兰艺术家赛琳（Celina）和玛雅·德博斯卡（Maja Debowska）运用羊毛毡创作的围巾，在兔子、猫头鹰、马、天鹅的毛毡布偶造型基础上进行适当的变形，赛琳和玛雅·德博斯卡于 2005 创立工作室"塞拉皮亚"（Celapiu）

图 67 日本羊毛毡艺术家 Motoko 创作的手工羊毛毡胸针，将猫的毛毡布偶作为服饰品

图 68 美国布艺人偶艺术家雪莉·桑顿的作品，《格雷西》（Gracie）

图 69、70 位于德国柏林的手工店蒂尼蒂尼（Teenytini）说，顾客可以把宝宝穿过的衣服交给他们做成布艺玩偶，玩偶可以继续陪伴宝宝成长，并且作为纪念

图 71 冬奥会纪念品商店中的 2022 年北京冬季奥运会的吉祥物"冰墩墩"和残奥会吉祥物"雪容融"布偶

1.5 手工布艺玩偶与可持续发展

1.5.1 纺织品与可持续发展

可持续发展概念于 1980 年由世界自然保护联盟（IUCN）正式提出，将其定义为既满足当代人的需求，又不对满足后代人需求的能力构成危害的发展理念。而纺织品行业的发展现状，存有许多与可持续发展理念背道而驰的地方。首先，纺织工业带来了大规模的环境污染，水资源浪费、滥用化学试剂、垃圾填埋问题都对环境造成了影响。而快时尚的迅速发展带来了严重的纺织品浪费问题，根据中国资源综合利用协会的数据显示：我国每年大约产生 2600 万吨废旧衣物纺织品垃圾，但再利用率却低于 1%。

英国伦敦艺术学院、英国切尔西艺术与设计学院教授凯·波利拖维兹（Kay Politowicz）参与联合创办了纺织环境设计研究小组（TED）并提出有关纺织品行业可持续发展的十项设计策略：1. 尽量减少废物的设计；2. 循环再造的设计；3. 减少化学影响的设计；4. 减少使用能源和水的设计；5. 以更清洁、更美好的技术设计；6. 以大自然和历史为本的设计；7. 以符合道德标准生产的设计；8. 为了满足必要性消费的设计；9. 非物质化的开发系统及服务的设计；10. 支持设计的力量。这十项策略的目的是帮助纺织设计师整理和解决可持续性发展的复杂问题。凯·波利拖维兹认为纺织品行业的可持续发展必须是艺术设计教育、设计师、制造商、消费者、政治战略者和社会多方面共同努力的结果。

纺织品行业的快速发展是不可逆转和停止的，纺织品加工总量呈上升趋势的情况在短期之内不会发生改变，除了需要绿色、无污染、不浪费的制造加工，提高废旧纺织品的再利用率对纺织品行业实现可持续发展同样重要。德国、英国、美国、日本等国家都拥有较为完整且有效的废旧纺织品回收利用开发体系，回收的废旧纺织品主要用途是作为二手服装再穿着、作为纤维材料用于纺织品二次生产，以及通过物理、化学等方法实现能源化利用。

在中国，废旧纺织品回收再利用也逐渐引起人们重视。服装设计师张娜创立的品牌再造衣银行（Reclothing Bank）就是将回收旧衣和品牌库存进行再设计后出售。但由于需要对旧物进行清洗、消毒等工序以及旧衣原材料的不重复，所以服装设计和制作成本很高。指的一提的是，有一种在国外尤其是欧美发达国家很受青睐的面料——RPET 再生循环面料，其纱线是从废弃的塑料瓶和渔网中提取纤维制作而成的，可广泛应用于箱包、雨伞、帐篷、服饰、家纺产品中。

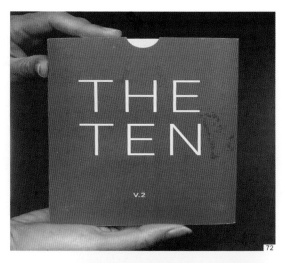

图 72 凯·波利拖维兹教授提出的有关纺织品行业可持续发展的十项设计策略印刷纸质版
图 73 再造衣银行运用回收纺织品设计制作的裤子
图 74 RPET 环保面料制作流程图

1.5.2 布艺玩偶的设计制作与可持续发展

手工布艺玩偶和可持续发展之间有着密不可分的联系，布偶创作者使用废旧织物作为布偶原材料或装饰材料，以实现废旧纺织品循环再利用，在减少纺织品污染浪费的同时，也实现了材料的特殊化与不可多得性带来的手工布艺玩偶作品的不可复制的独特性。

（一）布艺玩偶的材料与可持续发展

手工布艺玩偶所运用制作的材料，几乎涉及纺织品的所有范畴，从形式上可分为纱、线、丝、毛等纺织原材料；梭织布、针织布、无纺布、天然毛皮面料、绳子、带子等纺织制品；手套、袜子、毯子、服装等可以用于布艺玩偶创作的纺织成品。材料是决定作品的重要因素，材料的选择具有可持续性则制成的布偶也符合可持续的发展概念。大部分手工布艺玩偶艺术家在材料的选择上都持有明确的态度，这也是棉、麻、毛等天然绿色材料，以及各形态的废旧织物受到艺术家青睐的原因。

其中将废旧纺织品运用到布偶制作中是较为普遍的旧物利用行为，是普通家庭都可以实现的手法，如袜子布偶等。必须指出的是，虽然对于布艺玩偶艺术家来说，并不是所有将废旧纺织品运用到设计制作中，是以自觉的环保为出发点或目的，比如运用旧纺织品是为了情感的延续与寄托。如法国艺术家弗雷德里克运用废旧挂毯和十字绣旧织物进行布偶创作，在她看来她选择运用废旧织物为材料的原因是：旧物品是无数人抚摸过的物件，是对逝去时光的记忆。弗雷德里克也接收别人捐出逝者亲人的刺绣品进行再创作，其作品在对过去的人、事、物追忆怀念的同时，也体现了布艺玩偶设计中旧物再利用的循环价值。不难看出，人们的情感与可持续发展理念有着契合的关联与纽带。

从纺织品的可持续发展角度来看，虽然手工布艺玩偶的发展现状仍然比较小众，且设计制作周期较长，而且由于大部分布艺玩偶体积较小，所以在手工布偶设计制作中，废旧纺织品的消耗量比较有限，不能从根本上解决纺织品行业可持续发展的问题。但是手工布艺玩偶艺术的流行和发展能激发人们进行 DIY 手工创作的兴趣和热爱，使得越来越多的人动手制作手工布艺玩偶，也能从一定程度上促进废旧纺织品的循环二次利用。

从布艺玩偶创作的角度来说，废旧纺织品材料中的旧痕迹（如破损、磨损等）与褪色，都对布艺玩偶作品创作产生了意义。看起来陈旧不堪的材料，是在很久以前被人使用过的痕迹呈现，存有独特的情感和温度。废旧纺织品中由于时间沉淀产生的"年代感"痕迹，是运用任何工艺都不能模仿和取代的布艺玩偶材料，甚至创作者能够从废旧纺织品中获得布偶创作灵感，如旧织物的剪裁版式结构、面料上的图案和色彩、旧的磨损痕迹或者是旧织物的

图 75、76 俄罗斯艺术家哈伯斯卡娅塔蒂亚·塔蒂亚娜（Haberskaya Tatiana）结合废旧纺织品面料创作的做旧复古风格的手工布艺玩偶

主人经历等,都能给布艺玩偶创作者带来创作的启发,从旧织物的偶然性中滋生出艺术的火花。

(二)布艺玩偶的手工艺与可持续发展

由于运用到布艺玩偶设计中的废旧纺织品材料都不是重复和批量化,而绝大部分是以孤品的形式存在着,这也意味着将废旧纺织品运用到布艺玩偶设计中不可能以机械化的方式进行制作。只能以手工的形式对废旧纺织品进行二次设计,通过对废旧织物形态的解构重组,使废旧面料在新的艺术生命中获得重生。以擅长将废旧织物运用在布偶设计中的美国布艺玩偶艺术家安·伍德(Ann Wood)为例(参见图79~82),为安·伍德收集的各种类废旧纺织品面料(大多来自二次回收的旧衣物),采用手工拼布和手工贴布为主的手工艺,将废旧的印花面料、蕾丝面料、纯色棉麻布、毛呢面料进行组合拼贴,设计制作成各式小鸟、猫头鹰、昆虫以及其他动物形和人形布艺玩偶。安·伍德运用废旧织物制作的每一只布艺玩偶都是不相同的,也许题材和大外形轮廓有所重复和相似,但是根据废旧织物色彩、纹样、质地、磨损程度的不同,以及手工艺运用的随机性形成手工布艺玩偶之间的差异。

将废旧纺织品运用在布艺玩偶的设计制作中,以手工艺作为纽带,将过去和现在连接到一起,被人们遗忘和丢弃的织物获得二次生命。这不仅是创作者对过去事物的怀旧,也是一种信念的体现。可以说,"旧物新用"也是当今艺术家对时尚的一种新的诠释。

从可持续发展的角度来说,手工艺为废旧纺织品在布艺玩偶设计和制作中的运用提供了技术支撑,使用废旧织物作为布艺玩偶创作的材料,在节能环保的同时也要求作品有美感的体现。而传统的染、织、绣等手工装饰工艺,可以将废旧纺织品以适当的方式融入布艺玩偶创作,并使之具有时代的审美特性与艺术价值。

图77、78 俄罗斯艺术家伊琳娜·赛菲迪诺娃(Irina Sayfiidinova)结合废旧织物创作的做旧复古风格的手工布艺玩偶

图79~82 美国艺术家安·伍德收集的废旧纺织品面料及用其创作的手工布艺玩偶

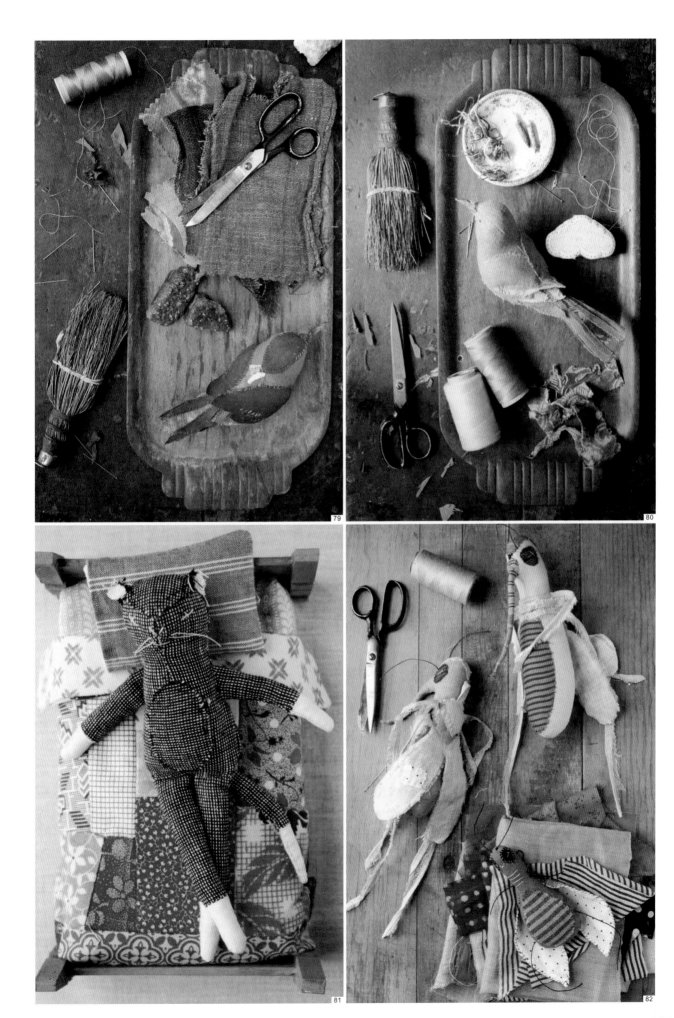

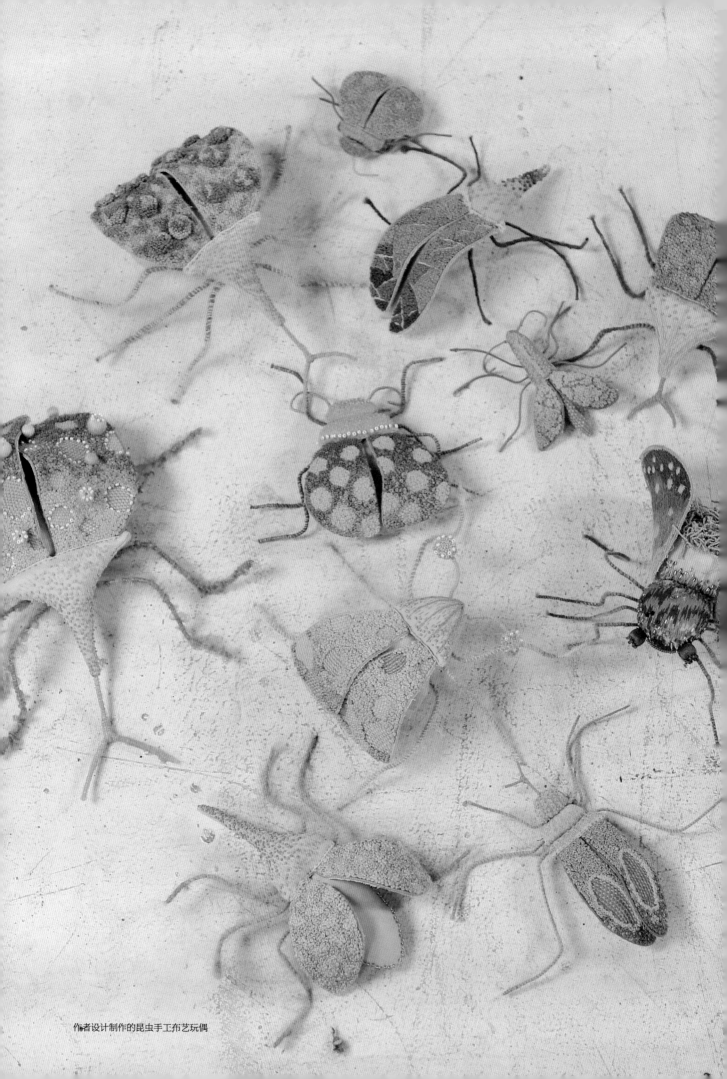

作者设计制作的昆虫手工布艺玩偶

2 手工布艺玩偶造型篇

造型指塑造物体的特有形象，也指创造出物体形象。造型是设计的基本任务，手工布艺玩偶的造型是指运用纺织品为主的材料手工创作出来的布艺玩偶的视觉艺术形象。

现代手工布艺玩偶的创作题材较为丰富，随着人们创造力和想象力的逐渐开放，许多新事物、新形象呈现出来并成为布艺玩偶设计的灵感来源。从造型题材上将布偶进行分类，大致可归纳为人物题材、动物题材、植物题材及其他题材四种类型。

2.1 人物题材与造型

人物题材的布艺玩偶就是布艺人偶，人偶在英文中是Doll，也称为人形，泛指模仿人类的各种玩赏物件。布艺人偶是以人形作为创作原型，以纺织品为主要材料设计制作而成的人形塑像。

将"人"作为原形制作玩偶的历史可以追溯到公元前3000年至公元前2000年埃及的木头人偶，公元前4世纪至公元前3世纪，出现了手脚四肢可以活动的人形玩具。后又逐渐产生了陶瓷、泥土、塑胶、树脂和纺织品等材料制作的人偶，至现代又出现了黏土等新兴材料塑造的偶像。人形偶像也常在其他艺术形式中出现，如木偶戏。2021年米兰时装周意大利时装品牌茉思奇诺（Moschino）春夏女装秀上，设计师杰瑞米·斯科特（Jeremy Scott）用40个提线木偶做了一场时装秀（参见图03～05）。

构成布艺人偶的要素包括人体的基本构造和服饰。人体的基本构造主要有头部、身体和四肢。头部包括面部五官（有的布艺人偶会对五官有选择性的表现）、头发；身体一般包裹在服装里面；四肢部分如果需要活动需要增加关节的制作。布艺人偶的服饰包括服装、鞋子、帽子、围巾、手套、袜子、领带、箱包、伞、发饰、胸针等。值得一提的是，有许多品牌或艺术家创作的人偶，常常以相同或近似的面容甚至体型，以服装服饰的变化起到对人偶角色的塑造，如芭比娃娃就是以经典的面容体型，用万变的发型、服装装束来演绎的。

从造型上看，布艺人偶大致上符合人类外表的体态特征和构造，也是布艺玩偶最常见的题材。从最初的写意型人偶，发展到根据神话传说、童话故事或动画影片形成的布艺玩偶题材，还有在人形基础上创造的雪人、精灵、鬼怪等，有掺杂想象和夸张成分的人物形象。创作者通过对布艺人偶在造型上的改变或夸张以表达对艺术与人生的诉求，正如美国布艺人偶设计师雪莉·桑顿所说："我回避极端现实主义，设想我的工作是制作玩偶，而不是人类的微型复制品。在制作娃娃时，我渴望继续作为一个艺术家，把我的经历和我所遇到的充满激情的富有表情的人的影响，融入一个艺术的陈述中，反映出我的发展，独特的观点，我希望我的作品能表达我是谁。"

图 01 公元前 2000 年埃及彩绘木制人偶
图 02 Andrew Yang 根据品牌 T 台服装制作的布艺人偶
图 03～05 2021 年米兰时装周 Moschino2021 春夏女装秀用提线木偶作为时装表演模特

对于消费者来说，人形布艺玩偶同样也是一种情感的寄托，布艺人偶的人形外表容易引起儿童甚至成年人的共鸣，扮演人们"朋友"或者"孩子"的身份，甚至产生"医生与病人""老师与学生""设计师与模特"等身份的角色关系，以此达到人性偶的多重样式。

随着手工布艺玩偶产业的发展与完善，消费者开始选择根据自己的喜好设计和定制专属的布艺玩偶，从而获得精神上的满足感。如纽约的华裔手工布艺人偶设计大师安德鲁·杨（Andrew Yang）为顾客提供定制服务，布偶可以根据顾客的喜好定制表情、发型，甚至可以按照顾客喜好的T台服装定制布偶服装。

以人物作为题材创作布艺玩偶的艺术家很多，材质也非常广泛。狭义的布艺人偶是指完全以纺织品作为材料制作而成的人形偶像，但单纯只运用纺织品制作人偶的情况比较少发生，这是由布艺自身的特点所决定的。人偶的直立需要在其中加入金属丝、金属支架、木制支架、木制关节球等硬挺的材质进行支撑。因此，广义的布艺人偶是指运用纺织品与其他材料（如纸浆、黏土、陶、木头、金属材料、树脂等塑料化学材料等）共同制作而成的人形偶像，如我们最熟悉的布艺人偶形象芭比娃娃就是广义上的布艺人偶，它也是世界上最成功的人形玩具，同时也出品收藏级别的芭比娃娃。（参见图09）

图06 艺术家林恩·缪尔（Lynn Muir）的木雕人偶作品，林恩·缪尔几乎所有的创作都是以人物为主题
图07 艺术家普拉蒂玛·克雷默（Pratima Kramer）的陶艺人偶作品，普拉蒂玛·克雷默在印度长大，其作品中有很多印度元素，她的创作以女性人物为主题
图08 英国艺术家朱莉·阿克尔（Julie Arkell）的纸塑人偶作品，她的作品中也有纺织品成分的存在，但是纸浆雕塑的艺术处理是朱莉·阿克尔作品中最主要的辨识度
图09 芭比娃娃的服装设计师卡罗尔·斯宾塞（Carol Spencer）和穿着不同服饰的芭比娃娃

人物题材的手工布艺玩偶可以大致分为写实和写意两种类型。我们在这里对"写实"的定义并不是按照客观人物形象的复刻和逼真模仿，而是指相对人体的比例和构造大致符合客观现实。写实类的手工布艺人偶作品，能让欣赏者更加直接地理解人偶的角色，以满足对人偶的情感需求。

写意类的手工布艺人偶的造型表现，可以是夸张的、变形的，甚至意象的。相对写实类人偶而言，更加注重创作者的主观表达，这类手工布艺人偶的作品更能让观众感受到作者的艺术主张，受众面也会相对分明。

图 10 手工布艺人偶品牌 Wateke de Wata 创作的手工布艺人偶作品，她们根据客人的订制进行创作布艺人偶，有时是根据现实人物进行创作，有时是根据顾客想象的人物形象进行订制，作品风格偏写实

图 11 艺术家辛迪·莫耶（Cindee Moyer）的手工布艺人偶作品，作品风格偏写实

图 12 艺术家亚诺夫斯卡娅·阿纳斯塔西亚（Yanovskaya Anastasia）的手工布艺人偶作品，作品风格偏写实

图 13 艺术家玛吉·亨宁（Margi Hennen）的手工布艺人偶作品《女人的三个阶段 #1——青春之花中的少女》（Three stages of Woman #1—maiden in the flowe of youth），作品风格偏写意

图 14 艺术家玛吉·亨宁（Joy A.Kirkwood）的手工布艺人偶作品，作品风格偏写意

图 15 艺术家安妮·赫斯（Annie Hesse）的手工布艺人偶作品，作品风格偏写意

图 16、17 设计师李衍萱创作的手工布艺人偶作品，作者拍摄

图 18 艺术家塔蒂安娜·科兹列娃（Tatiana kozyreva）手工布艺人偶作品

图 19 艺术家内兹达诺娃·塔尼亚的手工布艺人偶作品

图 20 艺术家德鲁·安（Dru Ann）的手工布艺人偶作品

图 21 艺术家博卡连科·奥尔加（Bokarenko Olga）的手工布艺人偶作品

图 22 艺术家哈莉·列夫斯克（Hally Levesque）的手工布艺人偶作品

2.2 动物题材与造型

动物题材的布艺玩偶是以动物作为创作原型，在形态、动态和神态上适当地进行夸张和变形设计制作而成的布艺玩偶。

动物种类的多样性为动物形布艺玩偶的设计提供了丰富的创作素材和灵感，熊、猫、鹿、狗、猪、羊、牛、马、狼、狐狸、鸡、兔子、老鼠、刺猬、大象、长颈鹿、鸟、鲸鱼、恐龙、乌龟、八爪鱼、青蛙以及蝴蝶、飞蛾、蜘蛛、蜻蜓、蜜蜂、蚂蚁等昆虫类动物形象，都是布艺玩偶设计师选择表现的创作题材。这些动物题材或者与人们的生活密切关联，或者是赋有童话色彩的角色，也有是暗合了民俗与传统文化。创作者对其客观形象较为了解且具有良好的受众基础，设计创作者通过写实手法或变形夸张的创作手段形成了风格各异的动物形布艺玩偶创作。

如图 23 ~ 25 为乌克兰艺术家利迪娅·马林丘克（Lidija Marintschuk）设计并手工制作的动物形布艺玩偶。她将其命名为玛莉玩具（MarLitoys），对动物形象进行概括、夸张和变形：突出的大眼球是这些动物的标志，搭配鲜艳的色彩形成趣味性的动物布偶形象。

如图 26、27 为英国艺术家安妮·蒙格玛利（Annie Montgomerie）设计制作的手工动物布艺玩偶作品。动物的头部造型与人的身体造型相结合，动物形象的刻画十分逼真，同时搭配了人物的服饰，拟人化手法增强了布偶的童话色彩和趣味性。

另外，还有在现实中并非客观存型动物偶，它是产生于神话传说、文学作品、动画作品等，而具有动物形态特征的布偶形象，通常也将其划分为动物题材布偶。这种类型的造型多为反映文化特征的动物形象，如中国神话传说中的龙，西方神话传说中的独角兽，迪士尼《星际宝贝》（Lilo & Stitch）全系列动画的主角史迪奇（Stitch）等。

图 23 ~ 25 乌克兰艺术家利迪娅·马林丘克的动物手工布艺玩偶，运用了大象、麋鹿、狐狸、猫、兔子、鸟、狼的动物形象，瘦小的腿和大身体形成反差，其中大象向内弯曲的鼻子造型是她具有代表性的动物布偶造型之一

图 26、27 英国艺术家安妮·蒙格玛利的动物手工布艺玩偶，逼真的动物脑袋结合人形身体，充满童话色彩

图 28 ~ 30 以色列设计师达娜·马斯卡特（Dana Muskat）设计并手工制作的布艺玩偶，开始是为其侄女创作的，题材为鲸鱼、章鱼、螃蟹、海星等海洋动物，多为色彩柔和的治愈系动物布偶作品

图 31、32 加拿大布艺玩偶设计师阿丽亚娜（Ariane）的手工布艺玩偶，她的创作对象是各种拟人化的动物布艺玩偶

图 33 ~ 35 丹麦布艺玩偶品牌梅莱格（Maileg）的动物题材手工布偶

图 36 设计师兼纺织艺术家莉娜·贝赫（Lena Bekh）的动物手工布艺玩偶

图 37 作者于 2018 年上海国际拼布展中购买的中国台湾手工布艺玩偶艺术家的兔子布艺玩偶作品，作者拍摄

图 38 作者于美国购买收藏的老鼠手工布艺玩偶，作者拍摄

图 39 设计师路丛丛手工制作的鸡、兔子布艺玩偶，作者收藏并拍摄

图 40 作者于英国购买收藏的兔子手工布艺玩偶，布偶表面涂有胶水以防尘土，作者拍摄

图 41 ~ 45 运用南瓜元素创作的不同造型风格的植物题材手工布艺玩偶

图 46 艺术家凯瑟琳・沃尔姆斯利（Kathryn Walmsley）于 2013 年运用蔬菜元素创作的拟人化手工布艺玩偶作品《异族通婚》（Interracial Marriage）

图 47 俄罗斯艺术家戴娜・斯维斯图诺娃（Dana Svistunova）创作的植物题材拟人化手工布艺玩偶

2.3 植物题材与造型

地球上植物的种类约有 50 余万种，植物的分类也种类繁多，常见的有木本、禾本、灌木、藤类、草本、多肉、蕨类、绿藻、地衣等植物。植物共有六大器官：根、茎、叶、花、果实、种子。植物一直是画家热衷表现的题材，同样也表现在手工布艺玩偶设计中。与传统绘画手法不同的是，布艺玩偶设计的选材不局限在优美的花卉为主要题材，还侧重表现造型浑厚的果实，以及肉类及大叶植物，这也是由布艺的制作工艺及审美需求所决定的。

植物题材的布艺玩偶指的是以植物为题材并具有人或动物特征创作的布艺玩偶，有水果、蔬菜、花朵、树木、叶子等造型样式。在造型表现上，有植物的大轮廓造型中增加面部五官表情、躯体和服饰等元素。这种在植物题材中融入人或动物的形态特征，赋予了植物形布偶生动、具体的形象设定，也是植物布艺偶的主要特色。

如图 41 ~ 45 是以南瓜为创作题材，并带有人形特征的布艺玩偶。南瓜是万圣节主题经典设计元素，南瓜元素和人物元素相结合，将植物拟人化，不但增强了趣味性与故事感，也获得了人与物之间的关联性。

41

42

43

44

45

46

47

图 48、49 不同蔬菜植物题材拟人化创作手工布艺玩偶
图 50 英国艺术家芬奇先生（Mister Finch）创作的植物题材拟人化手工布艺玩偶
图 51 俄罗斯艺术家纳斯塔西娅·舒尔雅克（Nastasya Shuljak）创作的植物题材毛毡手工布艺玩偶
图 52、53 俄罗斯艺术家朱莉娅·奥斯米娜（Julia Osminina）运用叶子和根茎发芽的元素创作的手工布艺玩偶
图 54 美国艺术家史黛西·比尔（Stacey Bear）运用胡萝卜和洋葱元素创作的拟人化手工布艺玩偶

2.4 其他题材与造型

除了较为常见的人形题材、动物形题材和植物形题材之外，手工布艺玩偶的设计创作还涉及器物、食物、几何元素等题材。

器物，在《辞海》中释义为"各种用具的总称"。器物题材的布艺玩偶是将人的面部五官元素与器物外形结合，或将器物元素与人物、动物元素相结合，也可以说器物题材布偶和植物题材布艺玩偶一样，或多或少都有拟人化的设计手法存在。与前面几种题材的布偶相比，这类布偶的趣味性相对较弱、创作自主性相对较小、数量相对较少，多见于商店主题橱窗陈列以及类似甜品屋的室内装饰中。

食物题材的布艺玩偶是近几年热门的设计创作题材之一，尤其在甜品等食物造型创意发展的今天，食物布艺玩偶在带给人们视觉审美感受的同时让人们产生味觉感受的联想，食物题材设计容易得到消费者（特别是儿童和女性消费者）的认同感。

布艺玩偶设计师选择较为常见的甜点、蔬菜、水果、蛋等食物作为创作题材，与人物元素相结合，使食物有了动物般的生命。如图55、56，为墨尔本纺织艺术家猫兔（Cat Rabbit）的食物题材布艺玩偶作品，将牛角面包和煎蛋拟人化的造型表现，呈现出童话色彩和趣味性。

通过拟人的表现手法，或在其创作元素的基础上融入人或动物的形态特征进行布偶创作，赋予物项情感色彩和生命力，在增加了趣味性同时，更让人产生亲切的情节感和故事代入感，这也是器物、食物、几何元素等题材布偶的通常表现手法。

图55、56 墨尔本艺术家 Cat Rabbit 将牛角包的食物题材进行拟人化创作手工布艺玩偶
图57、58 俄罗斯艺术家朱莉娅（Julia）运用星星、太阳元素创作的手工布艺玩偶
图59 ~ 62 乌克兰艺术家汉娜（Hanna）和奥尔加·多夫汉（Olga Dovhan）姐妹以青山、石头、海浪、法棍为元素创作的毛毡手工布艺玩偶

设计师李衍萱创作的手工布娃娃 日报

3 手工布艺玩偶风格篇

布艺玩偶的设计和制作分为两类，一类是设计打版后进行机械批量化生产，一类是手工制作完成。机械批量化生产的布艺玩偶程式化相对较为严重，而手工布艺玩偶的制作方式较为灵活和丰富，相比较之下，手工布艺玩偶的造型表现更具有艺术价值和研究价值。由于布艺玩偶受众人群多、地域范围广、设计生产渠道多等原因，形成了布艺玩偶造型的多样性，这种多样性也体现在风格的多样性中。

手工布艺玩偶在世界各国都有设计创作和制作的历史，在这个漫长的过程中，由于地域、文化、经济、信仰、生产力、审美、设计师的个性等因素的影响，布艺玩偶形成了不同的风格类别。通过分析大量图片资料进行归纳总结，概括出以下六种手工布艺玩偶的创作风格。

3.1 现实主义风格

现实主义在艺术范畴内指对自然或生活进行准确的体现和描绘，而并非主观的想象，布偶设计中的现实主义风格即为写实风格。写实，在《辞海》中释义为："倾吐情实。据事直书；真实地描绘事物。"

现实主义风格的布艺玩偶是指布偶的形象特征近似其表现的自然物象，在造型和色彩上模仿贴合真实的人物和动物形象，从而达到很高的相似度。常以做工精细、手法写实而细腻为特征。

现实主义风格的布艺玩偶作品较少，因为手工布艺玩偶要做到高度写实具有有一定的难度，这对工艺的要求较高，且需要尊重客观实物的形态特征，同时留给创造者的主观表达和风格表现的空间也较少。

写实风格的布艺玩偶多以动物为题材，运用与动物皮毛近似的毛绒面料进行制作，在外观和手感上都能较大限度地贴近动物本身。少量的人物题材的写实风格布艺玩偶，则以客观实际人形的比例、结构为基础进行创作，表现其具体真实的物象艺术，多以高级定制或艺术品的形式存在。

在纺织品材料中，羊毛毡也是写实风格布偶创作的重要材料，如图 10 为手工爱好者莉莎·汉密尔顿（Liza Hamilton）利用羊毛毡材料手工制作的海龟形仿真写实布偶。如图 01 为艺术家丽莎·利希登费尔斯（Lisa Lichtenfels）利用纺织品综合材料手工制作的人形写实布艺玩偶。丽莎·利希登费尔斯善于用厚实的毛毡制作人形骨架，再将多层尼龙布叠加，利用尼龙面料超强的弹力和半透明的特性，塑造出仿真的人物皮肤的质感和色调，呈现出几乎逼真的人物外观的视觉效果。

图 01 美国艺术家丽莎·利希登费尔斯的现实主义风格手工布艺人偶

图 02 艺术家 Rich O Hanna 运用羊毛毡创作的现实主义风格手工布艺人偶
图 03、04 艺术家 Hulya Ilgin 运用羊毛毡创作的现实主义风格手工布艺人偶，她称自己的作品有 3D 质感
图 05 ~ 09 芬兰艺术家莉萨·希塔宁（Liisa Hietanen）按照真人比例大小钩针编织创作的现实主义风格手工布艺人偶，人偶的原型为莉萨·希塔宁生活的村庄里面的居民
图 10 手工爱好者莉莎·汉密尔顿的羊毛毡仿真海龟
图 11、12 艺术家肖娜·理查森（Shauna Richardson）钩针编织创作的标本式动物软雕塑

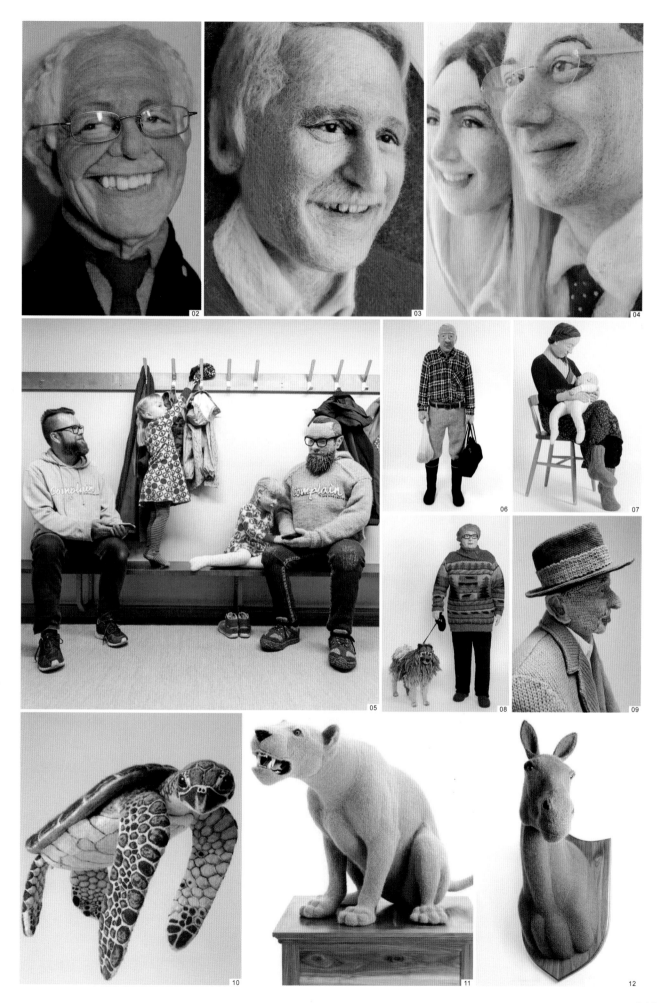

3.2 田园乡村风格

田园乡村风格指的是贴近自然的设计风格，提倡回归自然，推崇自然美。可以理解为以田地和园圃特有的自然特征为形式手段，能够表现出带有一定程度乡村生活的艺术特色，呈现出自然闲适感的作品或流派。这种设计风格在室内设计和服装设计中都较为常见，给人带来清新自然的舒适感，在现代高压生活中让人有置身田园轻松感的田园乡村风格设计受到人们的喜爱，其中较为著名的有法式田园乡村风格和美式田园乡村风格。

田园乡村风格是手工布艺玩偶设计中常见的一种艺术风格，这类布艺玩偶的造型朴实，不追求精美，以体现古拙、自然的田园乡村风格为特色。制作材料多选择棉、麻、毛等较为天然的材质，甚至运用手工织造或天然草木染的面料，色调统一且用色沉着。布艺玩偶的服装面料大多为条纹、方格、碎花等图案，结合刺绣和手绘等工艺，强调"手工感"而不是工艺的精细度，以营造自然淳朴的布艺玩偶艺术风格。

如图 13 ~ 15 为美国的手工布偶创作品牌贝茨宝贝（Bettesbabies）的布偶作品。如图 23、24 为著名的乡村田园风格手工布偶甜美农场（Sweet Meadows Farm）系列布偶，这类手工布艺玩偶表现自然的粗糙质感，用色朴实无华，形成了强烈的田园乡村风格。

图 13 ~ 15 美国手工布艺玩偶系列贝茨宝贝的田园乡村风格手工布艺人偶
图 16 作者设计并制作的田园乡村风格手工布艺人偶，选择格子、碎花拼布感的印花面料制作布偶服装
图 17 作者设计并制作的稻草人田园乡村风格手工布艺人偶，服装中增加了补丁元素

图 18、19 作者于 2018 年上海国际拼布展中购买收藏的田园乡村风格手工布艺玩偶，作者拍摄
图 20 胖母鸡农场（Fat Hen Farm）系列手工布艺玩偶，帽子、围裙的款式设计体现了农场乡村风格
图 21 布伦达·杰特·桑克（Brenda Jett Sanker）的乡村风格布艺人偶
图 22 Ragged Old Annies 创作的乡村风格布艺人偶
图 23、24 甜美农场系列手工布艺玩偶，其服饰的款式和图案带有浓厚的美式乡村风格

3.3 甜美可爱风格

　　甜美可爱风格，主要指用色以粉色、淡黄、淡蓝等高明度低饱和度的色彩，意象为水果糖、蛋糕等甜食的色彩，而造型则呈现天真烂漫童真的样式，以孩子与女性为主要受众面，也是布艺玩偶中最常见和通俗的一种风格。

　　伴随着社会竞争的日益激烈和生活压力的增大，人们希望得到精神上的放松，甜美可爱风格的产品能够让人们缓解心理压力和情绪紧张，回忆起无忧无虑的童年时光。"可爱"也不再只是儿童的专属名词，"可爱文化"也受到成年人的喜爱。可爱风格的布艺玩偶拥有广大的消费人群，在布艺玩偶市场中占据大比例份额。

　　甜美可爱风格的手工布偶在造型上偏向卡通化，面部表情喜悦或呆萌，配以亮粉色系予以呈现：柔软的纺织品材料（如绒、棉等）制作而成，运用粉色、鹅黄色、天蓝色等明亮、柔和、甜美系列的色彩，在细节上搭配蕾丝花边、蝴蝶结、爱心图案等可爱类型的标志性元素。如图27、28为俄罗斯艺术家AliceMoon设计制作的人形手工布偶，每只售价为200～500美元。

图25 俄罗斯艺术家柳德米拉（Lyudmila）的手工布艺人形玩偶，米色和粉色的服装配色、配饰小包中的花朵图案、毛绒小兔子为布艺玩偶增加了可爱元素
图26 俄罗斯艺术家奥尔加·切托娃（Olga Chertova）的手工布艺人形玩偶
图27、28 俄罗斯艺术家AliceMoon的手工布艺人形玩偶，水蓝色的大眼睛、蕾丝花边的小裙子让布偶看上去甜美可爱

图29～32 甜美可爱风格的手工布艺人形玩偶
图33～38 甜美可爱风格的手工布艺动物形玩偶

3.4 复古做旧风格

复古做旧风格在当下成为一种时尚潮流，运用刻意追求"旧"所呈现的时光感，表现出一种怀旧的情感延伸。这种风格的手工布艺玩偶具有浓厚的手工工艺感，是创作者和消费者怀旧心理的情感需求与宣泄表达。这类手工布艺玩偶材料多以棉、麻等质朴的织物为主，色彩纯度较低且明度偏暗，外观看上去有些"旧"或"脏"。

布艺玩偶的复古做旧风格可以通过对面料的多种做旧工艺来实现造型与风格打造的需要，如摩擦笔触式手绘、手工感不均匀的色差式染色、脏染、织物表面磨损、破洞或补丁等手工技法来实现。通过一系列做旧工艺让布偶看上去陈旧，具有年代感和复古艺术特色，形成独特的手工布偶风格。而以废旧的面料直接运用进行复古做旧风格布偶的创作，不失为一种环保的态度，甚至可获得出其不意的艺术效果，但却有不可复制的局限性。

图 39 Cindy's Primitives 创作的复古做旧风格羊形手工布艺玩偶
图 40 只做复古风格手工布艺玩偶的艺术家温迪·米格尔（Wendy Meagher）创作的复古做旧风格动物手工布艺玩偶，通过动物皮毛的缺失和脏旧的服饰体现复古感
图 41 ~ 43 俄罗斯艺术家埃卡特琳娜·迪亚琴科（Dyachenko Ekaterina）创作的做旧风格动物手工布艺玩偶，主要通过染色、缝补式的手缝线迹和制造磨损痕迹来形成艺术性的复古做旧风格

3.5 怪诞趣味风格

怪诞,在《辞海》中释义为"荒诞离奇;古怪"。另外,怪诞也是一个不断发展的美学范畴和艺术概念。怪诞趣味风格的布艺玩偶指的是形象超出人们普通常识性和认知范围、生活经验,并具有趣味性的布艺玩偶。这类布艺玩偶造型奇异,强调设计创作者的主观想象性,不追求形象的客观再现性,刻画形象的怪诞与不合逻辑性,并以此追求造型的幽默、离奇等趣味感,常以鲜明个性和凸显的视觉样式,以满足人们强烈的猎奇心理和求异心理。

如图44,为怪诞趣味风格的手工布艺玩偶作品,其造型为超常规的人物形和动物形组合,且其外观形象不符合生物理论,造型怪诞却充满趣味性。这类手工布艺玩偶作品容易吸引人们的视线并留下深刻的印象。

图44 艺术家 Cheung Wing Yee 创作的手工布艺玩偶,其布偶作品都并非单纯的人类、动物、植物,而是不同题材的嫁接

图45、46 艺术家卡罗尔·贝尔廷(Caroll Bertin)运用拼布工艺创作的手工布艺玩偶,一男一女两个人的身体连在一起,女人的身体是一个盒子,而男人在盒子里,卡罗尔·贝尔廷的布偶造型怪诞,色彩风格独特

图47 ~ 49 法国视觉艺术家塞西尔·佩拉(Cecile Perra)创作的手工布艺玩偶,将人物照片解构后运用到布偶创作中,形成有趣的个人风格

049

3.6 暗黑风格

近年来，暗黑风格开始在时装界形成一种独立的造型样式，这种风格没有被明确的定义，却有一定的流行性与受众面。从字面上来理解，该风格强调阴暗和黑色，并代表了未知、诡异、残缺、恐惧、危险、恶魔等含义。

暗黑风格是一种带有神秘色彩和恐怖气息的设计风格，这类风格的手工布艺玩偶较为小众化，它的产生是为了满足少部分人的猎奇和逆反心理。暗黑风格的布艺玩偶大多通过选择恐怖创作题材、恐怖元素的运用或者"残缺美"来表现，形成独树一帜的布艺玩偶风格。

如图52、53为暗黑风格的手工布偶作品，运用了僵尸的造型和元素，刻意粗糙的手工缝纫表现暗黑特色。如图55、56为英国布艺玩偶设艺术家约翰娜·弗拉纳根（Johanna Flanagan）设计制作的一系列暗黑风格人形布偶，她在作品中强调"残缺"和陈旧感的外观，并在作品中注明不适合儿童。

图50、51 艺术家安德鲁·迪达尔（Andrew Dyrdahl）创作的暗黑风格手工布艺玩偶
图52、53 美国艺术家凯瑟琳·扎奇诺（Catherine Zacchino，手工布偶作品署名 Junker Jane）创作的暗黑风格手工布艺玩偶
图54 艺术家拉奎尔·卡埃塔诺（Raquel Caetano）创作的暗黑风格手工布艺玩偶
图55、56 艺术家约翰娜·弗拉纳根创作的暗黑风格手工布艺玩偶
图57、58 艺术家桑迪·马斯特罗尼（Sandy Mastroni）创作的暗黑风格手工布艺玩偶

3.7 个人风格的系列感和品牌化

在造型定位中创造差异性，使作品与众不同而有利于形成特色鲜明、有标识性的布艺玩偶系列感和品牌化，无论是独立的手工布艺玩偶设计师还是布艺玩偶品牌，以独特的造型样式、制作工艺、材料选择、色彩表现等因素，构成的系列感强烈的风格定位。或在设计创作中有其标志性的符号，再从中衍生不同的布艺玩偶造型，以增加其辨识度。

如著名布艺玩偶泰迪熊存在一定样式的面部造型、体态造型和动态特征，但是通过泰迪熊面部表情、发型和服饰的不同，形成不同系列样式的产品。

手工布艺玩偶风格定位的系列化，即在设计要素中突出一种或几种使其具有系列化的表象特征，如色彩系列化、材料系列化、设计题材系列化、制作工艺系列化、形态特征系列化等，其中以形象特征为重中之重。这种不断的强调和重复，有利于加深人们的印象，以致于提起布艺玩偶品牌或布艺玩偶艺术家时，人们会自动联想起某些布艺玩偶的形象。

手工布艺玩偶品牌化意味着有其一定的市场、价格、消费者、材料、工艺、风格定位，而其中手工布艺玩偶部分造型的程式化对于布艺玩偶品牌和艺术家来说有很多优点。首先，便于加工制造，节约设计成本和加工成本；其次有利于塑造品牌形象，加固人们对品牌与艺术家的记忆点。对于独立的手工布艺玩偶设计师来说，布艺玩偶风格造型的统一，有利于增加设计师作品的辨识度，营造布艺玩偶设计的整体氛围，呈现出强烈的作品系列感和艺术家个人特色。

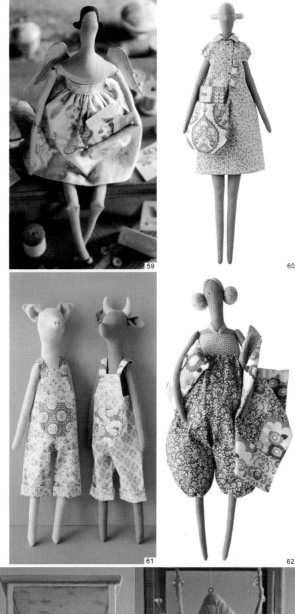

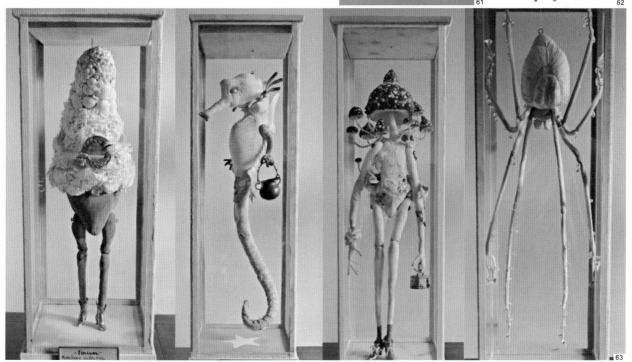

图 59~62 蒂尔达（Tilda）品牌的手工布艺玩偶，色彩、面料、造型形成系列化的布艺玩偶

图 63 芬奇先生（Mister Finch）纺织品软雕塑系列作品

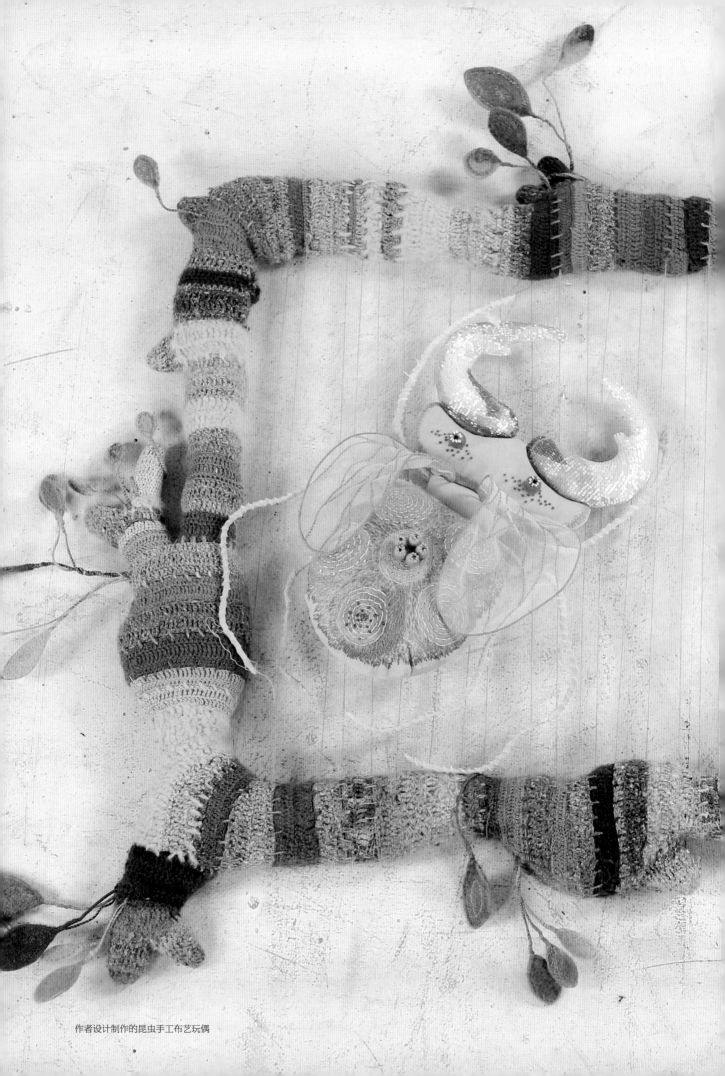

作者设计制作的昆虫手工布艺玩偶

4 手工布艺玩偶工艺篇

与其他造型艺术一样，手工布艺玩偶的实现也离不开工艺制作，除通常的布艺表现工艺外，本章节主要就布偶制作的常见与典型工艺进行陈述，包括缝合填充式玩偶、编织式玩偶、毛毡式玩偶，以及布艺玩偶中的手工装饰。

图 01 手工布艺玩偶效果图，作者绘制

4.1 缝合填充式玩偶

缝合，原为医学术语，指将已经切开或外伤断裂的组织、器官进行对合或重建其通道，恢复其功能。填充，是指填补某个空间。缝合和填充是制作手工布艺玩偶两个最基本的工艺技巧。具体指：布艺玩偶制作中，将同一块或者多块面料通过针线缝纫拼合后，将填充物置于其中形成立体形象的布艺玩偶。

用于制作的面料包括梭织面料、针织面料等不同织造工艺的面料。在材质上，有棉麻面料、呢绒面料、化学纤维面料、混纺面料、毡布等不同材质和触感的面料，又或者是旧衣服和废旧的家居纺织品等。

可运用的填充物有棉花、羊毛、豆类、石子以及人造的化学填充纤维等。不同材料和密度的纱线织造的面料柔软度和延展性都不尽相同，经过填充后会得到不同的外观效果，因此，了解面料的特性是制作缝合填充式布偶的一个重要环节。

缝合和填充常作为两个制作手工布艺玩偶的基础环节存在，经过缝合填充得到布偶的形状底坯，再在此基础上运用手绘、染色、刺绣等工艺进行艺术加工。但是也有一些需要通过填充和针线缝纫、拉扯，形成凹凸立体效果的手工布艺玩偶，如布偶面部鼻子的凸起效果、眼角的凹陷效果等。这种工艺在国外也被称为"针雕"，中国绣塑布偶创始人单秀梅将其称为"绣塑"，可以理解为将刺绣工艺和雕塑工艺相结合，通过刺绣工艺的手法达到雕塑工艺的目的的一种方法。

针雕和绣塑都是作用在立体的经过弹性填充物（如PP填充棉）填充过的弹性材质的织物上，通过针线改变其外在形状的手工艺，运用在布艺玩偶的制作中，即为将高弹填充棉填充到有弹力的面料中制作成布偶雏形。再用针线穿过布偶雏形，通过拉拽针线改变其形状，主要运用在塑造布偶的面部五官、手脚等部位上。细节繁复需进行立体处理的部分，出针和入针的位置、距离、针脚的密度、拉拽针线的力度和方向都是改变布偶形象的要素，操作起来具有一定的技术难度，需对形与缝纫技术具备一定的把控能力。

图 02 运用针雕工艺制作的布偶手部
图 03 运用针雕工艺制作的布偶面部
图 04、05 艺术家莱斯明卡·库斯科娃（Lesminka Kuskova）运用针雕工艺制作面部和手部的缝合填充式布艺人偶
图 06、07 艺术家梅根·麦金尼斯（Megan McGinnis）运用针雕工艺制作面部的缝合填充式布艺人偶，她的布偶品牌为"我的小弗雷尔"（Mon Petit Frère）
图 08、09 艺术家梅根·麦金尼斯运用针雕工艺制作面部和手部的缝合填充式布艺人偶

图 10、11 艺术家伊娃·蒙莱翁（Eva Monleón）和她创作的手工布艺玩偶，主要通过不同形状面料的缝合后进行填充创作布偶

图 12 ~ 14 艺术家塔蒂亚娜·奥夫奇尼科娃（Tatiana Ovchinnikova）创作的缝合填充式布艺玩偶，其填充形态比较扁平

图 15 ~ 18 小众布偶品牌棉花怪兽（Cotton Monster）创作者及她的缝合填充式布艺玩偶

4.2 编织式玩偶

　　手工编织主要指运用不同型号的棒针、钩针工具，通过手工的方式使线、绳、带等纺织品材料按照一定规律互相交错或钩连而组织起来，形成织物。编织是人类最古老的手工艺之一，据《易经·系辞》记载，旧石器时代，人类即以植物韧皮编织成网罟（网状兜物），内盛石球，抛出以击伤动物。

　　编织式布偶一般运用不同材质的线作为材料，线的材质选择直接决定布偶的触感。羊毛类等天然纱线手感相对柔软且富有弹性，化纤类纱线质感相对硬挺而结实。

　　用线制作而成的编织式玩偶一直受到手工爱好者的喜爱，如图19、20为编织布偶艺术家波卢斯卡·邦尼（Polushka Bunny）的手工编织玩偶，她的作品除布偶眼睛和纽扣外，单纯运用毛线作为材料，做到在编织中即使只使用针法和用线改变也可以直接形成自然的衔接。波卢斯卡·邦尼将编织工艺替代了需要进行缝合的面料进行玩偶创作，毛线通过不同的针法形成不同的肌理效果，展示了天然、清新的艺术特色。

　　编织不仅局限于制作小型玩偶，如图22为艺术家肖娜·理查森（Shauna Richardson）及她运用钩针编织的动物软雕塑作品，这是世界上最大的钩针雕塑和钩针编织作品，三头狮子由36英里长的羊毛线编织而成，曾于2012年在英国伦敦奥运会开幕式上展示。

图19、20 艺术家波卢斯卡·邦尼的编织式动物玩偶
图21 手工钩针编织的人形玩偶
图22、23 艺术家肖娜·理查森及她的钩针编织软雕塑作品，分别为《狮心》（Lionheart）、《不来梅音乐家》（Bremen Musicians）

4.2.1 棒针编织式布偶

棒针是一种编织毛线衣物的用具，多用金属、塑胶或竹子削制而成。棒针从样式上可分为两种，一种棒针的一端连接球形物体以阻断已完成编织的部分脱针，通常用于编织平面类织物；另一种棒针两端均为尖形，用途较广，即可编织平面织物也可编织圆筒形织物。棒针编织是运用两根或以上的棒针对一根线进行组合、交叉的编织方法，它可以得到平面的织物也可以得到筒状的织物。

运用棒针编织制作布艺玩偶的特点在于区别于其他材质布偶的肌理触感，棒针的粗细、线的粗细及材质，以及编织者用力的大小、针法的不同，都可以形成疏密、凹凸等不同的组织肌理效果。棒针编织式布偶多以人物和动物题材为主。

图24 2018年上海国际拼布展中展出及售卖的手工棒针编织布偶作品，作者拍摄

图25 ~ 27 英国编织艺术家丹尼斯·索尔韦（Denise Salway）和她的编织布偶，因为她非常热爱电影《霍比特人》（The Hobbit），所以她运用棒针编织根据电影中的人物形象创作了一系列人偶作品

图28 艺术家汉娜·霍沃斯（Hannah Haworth）运用棒针编织创作的软雕塑

图29 中国台湾家居品牌Brut Cake创作的手工棒针编织玩偶《毛怪家族》系列

图30 艺术家迪娜·汤姆森·梅纳德（Deena Thomson-Menard）的棒针编织人偶

4.2.2 钩针编织式布偶

钩针是一种一端有钩子形状的编织工具，多由金属铝和塑胶制作而成。钩针编织是运用钩针工具按照一定规律将线套成链状互相串套进行的一种编织工艺。英文的钩针编织为"Crochet"，是由古法语的"Croc"或"Croche"而来，这两个单词都有钩子的意思。

钩针编织由于其复杂的工艺结构至今无法被机械化生产所替代。

钩针编织式玩偶和棒针编织式玩偶有所不同，首先是工具上不同：棒针编织运用棒针工具，钩针编织运用钩针工具。其次表现在针法及编织形成的组织结构的不同，一般来说，棒针编织布偶的大面积织物表面呈套圈的"辫子"（因针法可变换不同的组织结构）。钩针编织布偶的大面积织物形态呈"锁链状"（因针法可变换不同的组织结构）。

从用色上来说，一般钩针编织布偶颜色鲜艳、饱和度高的作品居多；从触感上来说，钩针编织布偶触感相对较硬，质感更加紧实。如图31为香港针织涂鸦工作室美丽的时代（La Belle Époque）为迎接2018年圣诞节在铜锣湾运用手工钩针编织布偶装扮的铁栏杆，塑造了圣诞老人、雪人、麋鹿、柴犬、猫、狗及其他动物形象，充分利用了钩针编织工艺灵活多变的特点。

图31 针织涂鸦工作室美丽的时代（La Belle Époque）在铜锣湾运用钩针编织布偶装扮的栏杆
图32 ~ 24 英国艺术家菲利帕·赖斯（Philippa Rice）创作的钩针编织布偶，造型奇特，色彩丰富
图35 钩针编织工作室肖克夫人（Mrs Hooked）的钩针编织人形布偶

图 36 ～ 38 以色列平面设计师哈达尔·卡普兰（Hadar Kaplan）运用钩针编织创作的动物布偶墙面装饰，她称自己的编织为 "Manafka Mina" 代表她全彩色具有个人特色的编织作品

图 39 ～ 42 法国设计师索菲·迪加尔（Sophie Digard）运用钩针编织创作的布偶作品，索菲·迪加尔是一位着色设计师，她创作的钩针编织布偶色彩协调

图 43 俄罗斯艺术家尤利娅·巴拉诺瓦（Yulia Baranova）运用钩针编织创作的人形布偶，她的作品风格带有动漫色彩

图 44 艺术家米洛斯拉娃·冈查罗娃（Miloslava Goncharova）运用钩针编织创作的人形布偶作品

4.3 毛毡式玩偶

毛毡是人类历史中最古老的织物之一，羊毛毡化是通过外力作用将羊毛纤维实现毡化的工艺，具有可塑性强、柔韧性强、无需缝纫一体成型等优点。羊毛毡化工艺包括湿毡法、针毡法、针湿毡结合法三种类型。

湿毡法是将纵横交错叠加的羊毛条用温肥皂水浸湿，使遇到温肥皂水的羊毛鳞片张开、竖起，并对其进行挤压、摩擦、揉搓，使羊毛纤维互相缠绕达到毡化效果。湿毡法毡化速度较快，毡化较为均匀且省力，适合进行大面积平面或者简单立体形状的毡化。

针毡法是运用不同型号的羊毛倒刺针对羊毛进行不断的戳针，致使羊毛纤维互相摩擦缠绕以达到毡化效果。针毡法与湿毡法相比毡化速度较慢且制作尺寸局限，因而更适合制作体积较小的羊毛毡作品，或者以其他织物为底在其表面结合运用。

针湿毡结合法是将针毡法和湿毡法相结合，先运用湿毡进行大型的毡化制作，后运用针毡进行细节化深入刻画。针湿毡结合可以省时省力，既无尺寸局限又可以实现细腻的细节处理。

羊毛毡的制作工艺简单易学，在手工爱好者中较为普及，羊毛毡制品温暖质朴的外观深受人们的喜爱。美国梦工厂 2016 年上映的 3D 动画电影《魔发精灵》（*Trolls*）和 2020 年上映的《魔发精灵 2》（*Trolls World Tour*）中多处场景、人物头发和服饰品都模拟了羊毛毡化工艺的质感。

羊毛毡化工艺在国内外布偶设计和制作中都有所体现，主要包括：羊毛毡化制作布偶身体部分、羊毛毡化制作布偶服饰品、运用针毡工艺局部装饰的三种制作类型。

4.3.1 羊毛毡化制作布偶身体部分

运用羊毛毡工艺制作布偶身体时，需要先运用铁丝等坚硬可弯曲的金属搭建基本结构支架，后在此基础上进行毡化，其材质及制作效果尤其适合塑造动物题材。羊毛毡制成的布偶身体，具有毛绒而紧实的独特质感，且与面料制作的布偶身体相比，羊毛毡能更好地进行细节刻画，特别是在制作微型布偶中占有一定的优势。

运用羊毛毡工艺创作玩偶时，也会结合面料等其他材料，如偶的服饰品可运用面料或针织工艺制作。如图 46 为专门制作手工毛毡布偶的智利艺术家乔安娜·莫利娜（Joanna Molina）和她的工作室毡梦（Felting Dreams）制作的老鼠毛毡布偶，虽然尺寸较小，但毛毡工艺制作的老鼠保留了羊毛实现的"毛茸茸"的质感，形象逼真生动。

图 45 美国电影《魔发精灵》羊毛毡质感的人物及场景

图 46 智利毛毡艺术家乔安娜·莫利娜创作的羊毛毡布偶，老鼠的身体部分运用毛毡制作，服饰运用编织及毡布面料

图 47 作者于美国纽约购买的手工毛毡玩偶，作者拍摄
图 48 作者于尼泊尔购买收藏的手工毛毡指偶，作者拍摄
图 49 日本毛毡艺术家铃木千晶（Yoomoo）创作的手工毛毡玩偶

图 50、51 奥克兰艺术家菲比·卡佩尔（Phoebe Capelle）创作的毛毡玩偶
《冬天的孩子》（Winter's Children）和《艾比安》（Aoibheann）
图 52、53 艺术家 Fairyfelt by SiSo 创作的毛毡人偶

4.3.2 羊毛毡化制作布偶服饰品

运用羊毛毡化工艺制作布偶的服饰品，其中呈面状的服装可以运用湿毡工艺进行制作，而体积较小的饰品则可以通过针毡工艺进行制作。如图54、55为美国手工艺术家萨莉·马沃（Salley Mavor）制作的手工布偶，其服饰绝大部分由羊毛毡化工艺制作而成，与一般面料制作的服饰相比，羊毛毡制作的服饰材质较为厚实有型。

4.3.3 运用针毡工艺局部装饰

运用针毡工艺对布偶进行局部装饰，是在布偶完成大形填充后，在局部用戳针将羊毛扎入面料中，在面料表面的局部产生毡化而起到一定的装饰效果，以充分利用针毡工艺较为灵活的特点，可以对布偶的局部形成凸起以及改变色彩的效果。如图56、57为俄罗斯艺术家克里斯蒂娜·采利科夫斯卡娅（Christina Tselykovskaya）的布偶作品，将毛毡工艺运用在人偶发型上，给布艺玩偶局部增加毛绒的质感。

羊毛是一种易染色、易塑形的自然纺织品材料，在布偶设计制作中运用羊毛毡化工艺，能够增加布偶的手工感及其视觉效果的多元化。在布偶设计和制作中，羊毛毡化工艺还可以与刺绣、编织等手工艺叠加运用，形成层次感和差异性的装饰效果。

图54、55 美国艺术家萨莉·马沃运用毛毡制作服饰的手工布艺玩偶
图56、57 艺术家克里斯蒂娜·采利科夫斯卡娅结合毛毡工艺创作的布艺人偶
图58、59 乌克兰艺术家特提亚纳（Tetyana）结合毛毡工艺创作的布艺人偶，其布偶身体和面部先是运用棒针编织出基本形状，再运用毛毡形成毛绒感，头发也运用羊毛条制作而成

4.4 手工艺装饰

手工艺作为专有名词，于20世纪初期在中国出现，它是中国工业发展与西方设计理念"嫁接"的结果。手工艺，在《辞海》中释义为："指具有高度技巧性、艺术性的手工。如挑花、刺绣、缂丝等。"传统的作用在纺织品上的手工艺种类大致分为染、织、绣三大类。从历史上看，工艺起源于实用的制作，最初所有的工艺都是手工艺。工艺一词在我国古代即有所专指，工，泛指工艺匠人、手工业劳动者，如《论语·魏灵公》写道："工欲善其事，必先利其器。"在古籍中单独用"工"字时，有工艺、工巧（指技艺高明；巧妙；泛指匠人，工匠）、精巧、精致、精密、擅长之意。艺，最初的含义是种植，亦指才能、技艺、准则、限度。

装饰，在《辞海》中释义为：1.打扮；修饰。2.装潢。3.点缀，装点。4.指装饰品。5.犹夸饰。装饰艺术和人们的生活息息相关，"装饰"概念必须是依附于某一个主体存在，从美感的角度出发，使得被装饰的主体得到适当的美化效果。

手工艺装饰是指通过纯手工或借助一定的工具将材料以手工操作的形式进行叠加点缀，起到修饰、美化的作用，并形成独特的艺术风格。手工艺装饰能够将设计师和制作者的想法直接通过手工形式表现出来，与机械化完成的后期装饰加工相比，手工更具有灵活自由的特点，并能产生随机性和偶然性效果，具有独一不二的不可复制性——这既是优点也是局限性。

与纺织品相关的手工艺种类繁多，传统的可以分为染、织、绣三大类，并随着时代的发展衍生出了新的技艺和形式。手工印染是非常古老的染色工艺，历史悠久，流行于世界各地，其表现形式和工艺种类丰富，有绘染、扎染、蜡染、夹染、型版印等。在传统产品中，手工印染的基本造型工艺在服饰品和家居产品中的应用广泛，能够营造质朴、原始、自然的艺术特性。手工印染的制作过程中存在偶然性，从而使之具有不可完全相同再复制的特性。

手工编织的历史可以追溯到原始社会，人们开始运用麻类织物纤维进行的编织劳作。后来逐渐衍生多种样式和技法，有钩针编织、棒针编织、经纬线编织、编结盘花等，除了各种材质的线类，还开始运用布条、羊毛条等材料进行编织。手工编织可以结合针法技巧、针的粗细及不同材料形成不同形态和结构，产生强烈的肌理效果和视觉冲击，在现代家居纺织产品和服饰品中应用广泛。

手工刺绣产生于东方，通过贸易传到西方国家，根据地域的不同形成多种截然不同的刺绣风格，是一种工

具简单，且不受环境制约，灵活性强的手工艺装饰手段。并在发展过程中随着刺绣针法和材料的不断丰富，衍生出如缎带绣、珠绣、立体绣、贴布绣等多种刺绣样式，手工刺绣装饰能够增强层次感和形式感，给人们带来丰富的视觉感受和心理感受。

除了染、织、绣工艺及其衍生工艺外，与纺织品相关的手工艺还有羊毛毡化工艺、拼布工艺、贴布工艺、面料二次改造等。这些手工艺被广泛地运用在现代纺织产品设计中，并依托产品进行传承和发展。手工布艺玩偶作为纺织产品中不可缺少的一部分，手工艺装饰是其设计制作过程中的重要环节，手工艺装饰在手工布艺玩偶中的运用是随着布艺玩偶诞生而产生的。布艺玩偶最早就是以手工为生产制作方式，虽然早期的布艺玩偶设计和制作无论是在造型还是面料的选择上都比较简单，但制作者还是有意识地增加手工刺绣和手绘简单的图案纹样进行装饰，特别表现在人形布偶和动物形布偶的面部五官塑造，加以强化了布艺玩偶的形象特征。

图60 作者运用手绘、刺绣、贴布等手工艺饰创作的昆虫布艺玩偶过程图，作者拍摄

图61 作者运用多种手工艺装饰创作的昆虫布艺玩偶，作者拍摄

手工布艺玩偶中运用的手工艺装饰种类几乎涵盖了纺织品相关的所有手工艺，在机械和科技盛行的年代，手工艺和装饰艺术一度被悬置起来，这是现代设计对功能主义和高产主义过分追求的结果。手工艺装饰在布艺玩偶中的运用在现代手工布艺玩偶设计中十分重要，这提醒人们，手工艺和装饰艺术在生活中仍然扮演着重要的角色。布艺玩偶创作者根据布偶装饰的需求、自身擅长的工艺类型选择运用不同的手工艺，丰富的手工艺种类给布艺玩偶形成了丰富的装饰效果，而运用的材料也打破对传统布艺玩偶装饰材料的刻板印象的局限向多元化的方向发展，布艺玩偶创作者尝试将不同材质和不同渠道获取的材料运用到手工布艺玩偶设计中。运用丰富的手工艺和材料对布艺玩偶起到装饰美化作用的同时，随着新材料和新工艺的运用导致布艺玩偶设计和制作的观念也发生了改变，运用手工艺和材料的多样性使手工布艺玩偶向多元化方向发展。

手工艺的叠加运用在手工布艺玩偶的设计制作中较常见，布艺玩偶创作者在布偶设计制作中综合运用多种手工艺，并产生叠加装饰效果。手工艺的叠加运用产生的效果是带有随机性的和不确定性的，需要创作者根据经验或试验在布艺玩偶中叠加运用手工艺。手工刺绣工

工艺上的叠加运用是较多的，多为手工刺绣与羊毛毡、手工编织、手工染色的叠加运用。手工艺的叠加运用一方面增加手工布艺玩偶的细节，丰富了布艺玩偶的视觉效果和手工感；另一方面也对丰富手工艺的运用方法起到反作用，将布艺玩偶作为载体的手工艺叠加运用在制作过程中呈现了手工艺装饰的新效果，反作用于手工艺，促进其多渠道发展。

手工艺在手工布艺玩偶中的运用并不是一味追求工艺的精巧和细致，这和传统手工艺有所区别，是现代艺术观念、审美要求和手工制作技术共同发生变化的产物，现代手工艺和传统手工艺相比更具有开放性和包容性。手工布艺玩偶中运用的手工艺更强调的是手工感的体现，即和机械化生产要求的均匀、整齐、对称的无瑕疵生产的不同，手工感是允许"瑕疵"和"粗糙"存在的，如不均匀的染色效果、面料边缘的零碎线头、不一样距离和长度的针脚等。这并不是说手工感强的布偶是不精美的，而是说精美不是手工布艺玩偶中运用手工艺装饰的唯一目的，在布艺玩偶中运用的手工艺强调手工制作感从外观上与机械制品区别开来，从内在上手工感是体现手工布艺玩偶创作者有温度和情感的手工制作，是不可复制的工艺过程和方式。

手工艺耗时长、成本高、不可复制的特点决定了运用手工制作的布艺玩偶不可能作为大规模生产和销售的产品，它只可能以小众商品或艺术品的形式存在。从较为传统的手工布艺玩偶的制作到现代国内外越来越多手工布艺玩偶艺术家的诞生，逐渐将手工布艺玩偶定义为一种新的艺术形式。

手工布艺玩偶有其独特美感和艺术价值。手工艺并不是科学技术发展的必要组成部分，但却是人类文明和大众审美的重要组成部分，随着人们生活水平和审美水平的提高，手工艺重新获得关注。手工的运用丰富了布艺玩偶的设计内容和视觉效果，强化了布艺玩偶的风格表现，使其呈现出"精美""唯美""颓废美""自然美"等不同类型的美感。手工艺制品在现代社会中属于高价的艺术品消费，是社会发展和人类文明进步形成的一种消费价值导向，布偶设计中运用手工艺在增加布艺玩偶美感的同时为使其具有艺术品属性，使布艺玩偶具有观赏和收藏的艺术价值。

手工布艺玩偶利于形成艺术家及作品独特的个性和风格化特征。与工业生产全球化发展不同的是，手工艺仍然深受地域、文化、历史的影响存在差异性，运用手工艺装饰的布艺玩偶的设计和制作一般是以个人为单位进行的，由于手工艺多变的工艺形式和不可完全复制的特性使得每个手工布艺玩偶都是独一无二的，英国布艺玩偶艺术家 Johanna Flanagan（约翰娜·弗拉纳根）为她制作的每一只人形布艺玩偶起名字，并为每件作品注明"永不重复的艺术玩偶"。现在艺术家们设计和制作的手工布艺玩偶打破了固有的布艺玩偶设计思维模式，打破了程式化的制作方法，使其不受到机械化生产的工艺要求，具有高度的设计和制作自由，激发设计者的创造力和想象力，能够充分表现设计者的自我风格和个性，从而也丰富了手工布艺玩偶设计的样式和风格种类。

手工布艺玩偶的制作工艺强调了"手工感"，有利于工匠精神的传承。"手工感"可以满足人们追求与众不同、返璞归真的消费心理，手工布艺玩偶的手工感，使之具有情感记忆，手工艺在人类的心灵、文化和艺术表现中是有温度的，这使之与冰冷机器批量化生产的布偶区别开来。手工布艺玩偶艺术家通过手工艺和布偶表达所理解的不同的美，表现个性和精神，对作品和手工艺有敬畏之心，在追求速度快、效率高的生产大环境下仍然用认真、严谨、耐心的态度坚持进行手工艺创作，虽然不是所有的手工布艺玩偶都有精美的手工艺装饰，但是手工布艺玩偶艺术家在作品中坚持自己的态度和喜好。在现在浮躁的社会大环境下，手工技艺和工匠精神值得而且需要被传承。

手工布艺玩偶从一定程度上有利于纺织品的可持续发展。纺织品的可持续发展是实现整体可持续发展中的一个重要领域，布艺玩偶作为纺织品范畴内的一部分也应该在设计制作中结合可持续发展观念，具体表现在利用废旧纺织品作为制作手工布艺玩偶的原材料，手工艺是实现废旧纺织品在布艺玩偶设计中使用最有效的方法，通过手工艺将废旧织物转化成布艺玩偶中的一部分，符合当代所提倡的绿色环保设计理念，从一定程度上减少了废旧纺织品的资源浪费和带来的环境污染。

图 62 ~ 64 艺术家马瑟斯（Marthess）运用拼布、贴布、刺绣等手工艺创作的手工布艺玩偶

图 65 作者运用手绘、染色、刺绣、羊毛毡创作的昆虫手工布艺，作者拍摄

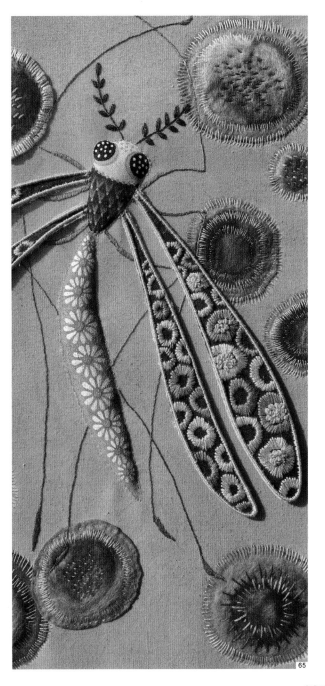

4.4.1 手工染色

手工染色在中国始于商周时期，从最初简单的大面积面料染色，发展出蜡染、扎染、夹染等手工染色工艺，以实现面料上的花纹表现。随着西方工业革命的发展，印染技术也随之进入大生产时代。在布艺玩偶设计和制作中，手工染色是不可或缺的一种工艺，它以装饰效果明显、技术成熟为特色，在布艺玩偶设计中得以充分运用，并分为较大面积手工染色和小面积绘染装饰两种表现形式。

（一）大面积手工染色

手工布艺玩偶中运用大面积染色的染料，多以水性纺织染料为主。手法一般分为两种，一种为运用白色面料制作布偶，在缝制前或完成缝制填充步骤后对白色面料进行染色。如图66，中国台湾手工布艺玩偶艺术家艾玛（Ama）的手工布偶作品，这组人形布偶的身体部分都采用带棉籽的本白色棉麻面料制作而成，完成填充后运用染料将身体部分进行染色，经过晾晒后再制作头发、搭配服饰。

另一种手法是在布偶整体（包括服饰部分）制作完成后，进行大面积或整体浸染式，以起到统一色调，强化布偶视觉表现力，这种手法多表现在复古做旧风格的布艺玩偶设计中。

除了一般的纺织染料、丙烯颜料外，手工布艺玩偶艺术家还会运用红茶水、咖啡渣等容易着色的天然材料进行布偶的染色，以体现环保的理念。

图66、67 2018年上海国际拼布展中展出及售卖的手工布艺玩偶，中国台湾布偶艺术家艾玛运用手工染色的手工布偶作品，作者拍摄
图68、69 艺术家泽伦泽伦（Zelenzelen）运用手工染色的手工布艺玩偶系列，有斑驳感的颜色效果增加布偶的暗黑恐怖氛围
图70 作者于中国贵州购买并收藏的手工布艺玩偶，由蜡染艺术家运用土布和蜡染工艺制作完成，作者拍摄

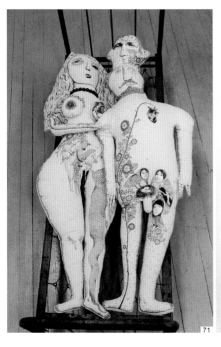

（二）小面积绘染装饰

绘染装饰的手法，在手工布艺玩偶产生的初期就存在了。具体表现为运用毛笔、水笔、记号笔等工具，及其相对应的染料或颜料，以手工绘画的形式作用于布艺玩偶上，起到细节的刻画与装饰美化的目的，即面部手绘装饰和整体手绘装饰。

面部手绘装饰，即通过手绘的方法表现布艺玩偶的面部五官及表情。与其他塑造布艺玩偶面部的表现方法相比，手工绘画的形式较为灵活、细腻、生动和自由。除了常用的纺织品颜料、丙烯颜料外，手工布艺玩偶艺术家也运用色粉、化妆品（常见的如腮红）对布艺玩偶的面部进行手绘装饰，以获得细腻精致，乃至栩栩如生的脸部与细节的塑造，仿佛画中的人物造型。

整体手绘装饰是指除了布艺玩偶面部装饰外，身体和四肢或服饰品部分仍运用了手绘的方法进行装饰，这种方式主要是通过手工绘制纹样予以布偶的整体装饰，并在纹饰中体现布偶的风格，如复古风、甜美风等，充分发挥了图案造型的作用与意义。

如图 75 为美国波士顿艺术家米米·基什内尔（Mimi Kirchner）的手工布艺玩偶作品系列，该系列作品深受 20 世纪七八十年代的纹身图案影响，米米·基什内尔通过手工绘制欧美老派传统风格纹身图案，对布艺玩偶进行装饰，呈现出系列感与个性特征，以此表现纹身艺术和欧美老派装饰文化。

图 71 白俄罗斯艺术家安娜·西利文奇克（Anna Silivonchik）运用手绘创作的布艺玩偶《亚当和他的肋骨》（Adam & Adam's Rib）
图 72 荷兰艺术家阿努克·潘托沃拉（Anouk Pantovola）将插画创作和手工布艺玩偶创作结合起来
图 73 布偶创作者迪伦和乔（Dylan and Joe）运用丙烯颜料手绘的手工布艺玩偶，丙烯颜料让布艺玩偶的表面变硬
图 74 俄罗斯布偶艺术家萨莎（Sasha 为艺名，真名是伊琳娜 Irina）运用手绘表现的布艺玩偶面部
图 75 美国波士顿艺术家米米·基什内尔运用手绘图案创作的手工布艺玩偶

4.4.2 手工编织

作为装饰工艺存在于布艺玩偶中的编织工艺，与前文所提及的编织式玩偶有所区别。前文所提及的编织式玩偶指的是玩偶整体是由编织工艺制作完成的，即玩偶本体大面积运用编织工艺，而这里的编织工艺仅作为布艺玩偶中的一种装饰手段存在。

手工编织在布艺玩偶中起到装饰作用，主要体现在布偶服饰上。手工编织可以形成丰富的肌理效果并与其他面料混搭使用。运用梭织面料制作的布艺玩偶，多采用较细的纱线织成多面料。而手工编织用线较粗，通过不同的针法编织成平整或凹凸的编织物与细腻平整的梭织面料形成对比，加强了视觉的丰富性。

编织工艺主要分为棒针编织和钩针编织，两者在布艺玩偶设计中的装饰效果也各有特色。钩针编织和棒针编织最为不同的是，钩针编织可以形成独立的立体花型或镂空的装饰效果，如钩针蕾丝。构成编织还可以进行连续的编织，也可以钩编单位花型后连接成片，且针法较为灵活，在布偶服饰中可以将线钩编成平面、镂空、褶皱、立体花型的装饰效果。

图 76 服饰运用棒针编织工艺的手工布艺人偶
图 77 艺术家梅莱格（Maileg）的手工布艺人偶身着棒针编织毛衣
图 78 艺术家玛丽·基尔维特（Mary Kilvert）创作的布艺玩偶，以羊毛毡做羊身体，手工编织不同图案的服装
图 79 运用编织工艺制作的布偶服饰

4.4.3 手工刺绣

拥有数千年历史的手工刺绣，在漫长的发展过程中，材料和工艺走向多元化的发展态势。手工刺绣工艺在布艺玩偶设计中的运用，可以追溯到布艺玩偶诞生初期，运用基本的刺绣针法塑造布艺玩偶的面部五官，后逐渐发展成通过手工刺绣工艺表现玩偶的表面图案。

运用手工刺绣工艺装饰布艺玩偶的手法，主要分为传统手工刺绣法、手缝线迹法、珠绣法、贴布绣法、立体绣法五个类型。

（一）传统手工刺绣法

传统手工刺绣指的是通过运用绣针将绣线按照设计组织成图案作用在纺织品上，常见的针法有平针绣、打籽绣、轮廓绣、十字绣、锁链绣、长短针绣、锁边绣、直针绣、卷针绣等，这些针法也不同程度地运用在布偶装饰中。或高或低的绣线起伏于布偶表面，有效地塑造与刻画脸部的五官，以及布偶的纹饰装饰。

如图80～83，为英国艺术家梅根·艾薇·格里菲斯（Megan Ivy Griffiths）设计制作的布艺玩偶作品，就是以刺绣工艺为艺术特色。这些布艺玩偶，采用棉麻材料为底布，运用传统平针绣、打籽绣等针法，描绘出童趣而稚拙的人形和动物形布偶。在造型上，以简单概括的外轮廓，以及填充工艺的体积塑造，烘托出刺绣表现的布偶图案细节，让观者感受到绣线如画笔般呈现出的图形魅力。

图80～83 英国艺术家梅根·艾薇·格里菲斯创作的刺绣布艺玩偶，她的创作顺序是先将刺绣完成后再进行缝合填充
图84、85 荷兰艺术家贾斯汀·范德温克尔（Justien van der Winkel）运用刺绣工艺创作的鸟类布偶，运用丝绸、羊毛、亚麻、棉等面料做鸟身，用轻木上色做喙，玻璃做眼，再缝上针脚细密的刺绣

（二）手缝线迹法

在纺织品范畴内，线迹指的是线穿过织物留下的缝线组织形式。本节的手缝线迹装饰法指的是在布艺玩偶的某些部位将线用手缝针缝纫出的线条装饰，与绗缝工艺有一定近似处。缝纫线的粗细与色彩（单色或多色混合）、针脚的大小、线迹的疏密，都是决定装饰效果的因素。

如图86、87，为布艺玩偶艺术家扎哈罗娃·马莎（Zakharova Masha）的手工布艺玩偶作品。她的每个手工布艺玩偶作品都以手缝线迹为装饰特色，且十分擅长运用不同的针法在布艺玩偶的不同部位添加线迹装饰，线迹形成点、线、面变化，且凸显手工缝纫针脚的不整齐、不平均和长短变化，以此来增强布偶的手工感。车缝线虽然速度快、整齐、连续性好，但过于呆板缺少变化，且缝制后的面料显得手感僵硬。手缝线灵活多变，生动且有趣味感，缝制后的面料柔软如初，是机缝线无法比拟与取代的。

（三）珠绣法

珠绣是指将不同形状、不同尺寸、不同材质的珠子、珠管、亮片作为材料，运用手工串珠缝制将其以不同的排列方式绣缀于纺织品表面。珠绣工艺法在布偶中的运用大多分为两种样式，一种是呈"点状"的局部装饰点缀，这种情况珠绣多与其他刺绣工艺相结合，在其他手工艺运用的基础上加入珠绣点缀，如在平绣的基础上增加同色系珠管点缀，起到增加细节、丰富布偶的质感的作用。

另一种样式是呈"面状"的大面积珠绣装饰，如有手工艺术家在设计制作鱼形布艺玩偶时，将亮片有规律地进行排列成面状，模拟鱼鳞的效果。大面积呈面状的运用珠绣工艺时，需要将珠子、珠管或亮片通过平铺的针法，并依据布艺玩偶的结构呈现分布与走势，以达到装饰的目的。珠绣法装饰表现的布偶，金属质感的珠子或珠管与布艺玩偶的哑光面材形成材质的对比，可获得精致而细腻的艺术效果。

图86、87 英国艺术家扎哈罗娃·马莎运用手缝线迹装饰的布艺玩偶
图88～90 艺术家埃琳娜·斯托纳克（Elena Stonaker）运用珠绣工艺创作的手工布艺玩偶

（四）贴布绣法

贴布绣也称作贴补绣、补花，是将一种面料剪贴绣缝在其他面料上的一种刺绣工艺。"贴布绣"与"贴布"最大的区别在于"绣"，即贴布绣是有明显刺绣针脚存在于面料表面的且强调刺绣线迹的存在。布艺玩偶设计制作中运用贴布绣，往往将多种面料和刺绣线迹结合起来，线迹的色彩既可以是与面料的调和色，也可以是面料的对比色，并充分和巧妙利用印花面料中的花型纹样，以获得布艺玩偶丰富的视觉效果，增加布艺玩偶设计制作的层次感和手工趣味性。

（五）立体绣法

立体绣是一种能够呈现立体效果的刺绣工艺，它不拘泥于二维平面的表现形式，在延续平面刺绣技法的基础上向三维立体转化。立体绣除了运用绣针、绣线等常规刺绣工具，还常运用铁丝、铜丝、木珠等材料。艾莉森·科尔（Alison Cole）在《立体绣》（*The Stumpwork Masterclass Raised and Embossed Embroidery*）一书中提到的"Stumpwork"中文译为"凸花绣"。立体绣在人形布艺玩偶中常见于服饰品中，在动物形布艺玩偶中常见于昆虫的翅膀部分。

如图96为作者设计制作的昆虫手工布艺玩偶，其中昆虫翅膀部分，叠加运用了立体绣工艺。在制作时，首先将铁丝固定在面料上，运用打籽绣针法刺绣图案，再运用包边绣法将铁丝缠绕后裁剪。翅膀上的圆点装饰纹，是在另外面料上单独刺绣完成后再沿边剪下，将边缘抽紧并填充后缝合在翅膀表面形成凸起，以立体绣的工艺原理完成整体翅膀的制作。

立体绣工艺对布偶具有独特的三维立体装饰效果，布艺玩偶作为一种立体样式的纺织品，在其基础上进行立体绣装饰，能在一定程度上对布艺玩偶的外形轮廓进行修饰，增加细节内容，丰富造型语言的表达。

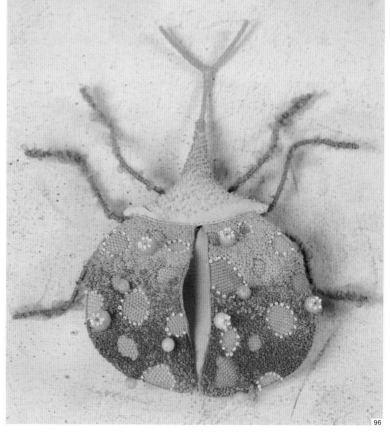

图91、92 Karnakarna Designs 的手工布艺玩偶，面部和服装中的贴布部分有明显的装饰线迹

图93～95 艺术家朱斯蒂娜（Justine）创作的鸟形布偶，眼部运用贴布绣

图96 作者设计制作的昆虫手工布艺玩偶，昆虫翅膀部分运用立体绣进行装饰，加强布偶的三维立体性，作者拍摄

4.4.4 手工拼贴

手工拼贴工艺是面料二次设计的一种工艺形式，即通过手工对面料进行打散、整合、重组，从而改变面料的固有形态。手工拼贴工艺可分为手工拼布和手工贴布。

（一）手工拼布

手工拼布指的是手工将面料进行拼接缝合，且缝合的面料在一个平面中没有层次之分，既可以是同一块面料剪裁后进行拼合，也可以是不同材质和不同花型面料的混组拼合。手工拼布在手工布艺玩偶设计中是一种较常见的工艺形式，即可运用在布艺玩偶服装饰品中，也可运用于布偶本体。如图97～99为艺术家卡蒂娅·舒姆科娃（Katia Shumkova）运用拼布工艺创作的布艺玩偶作品，卡蒂娅·舒姆科娃的作品被称为"涂鸦式布偶"，布偶呈现出一种介于平面和立体间的效果，以通过不同颜色和图案面料的拼合形成图形，以此来区别布偶的形状。不同材质和色彩的面料，通过手工拼贴，形成反差和对比的装饰效果，不失为布偶创作中有效的装饰工艺样式。

图97～99 艺术家卡蒂娅·舒姆科娃创作的拼布手工布艺玩偶
图100 运用拼布工艺制作的人形布艺玩偶，面料拼合让布偶面部具有立体块面感
图101～103 喀麦隆艺术家阿夫兰（Afran）创作的动物软雕塑，阿夫兰认为牛仔裤是自由的象征，所以阿夫兰选择将牛仔裤分解再运用拼布的方式重构进行创作

（二）手工贴布

手工贴布与前文提到的贴布绣的区别在于，没有明显或不强调刺绣针脚痕迹，可以通过缝合和黏贴两种方式实现。手工贴布在手工布艺玩偶设计中的运用主要分为以下两种样式。第一种是将单层面料拼贴于底层面料上，其中较为常见的如布艺玩偶服饰中的补丁装饰，将较小面积的面料附加在布艺玩偶服装中，以增加设计细节。也有将大面积面料附加在底层面料中进行装饰的情况，如蕾丝面料的运用。艺术家埃琳娜·沃伊纳托夫斯卡娅（Elena Voynatovskaya）将蕾丝面料大面积拼贴运用在布艺玩偶设计中。如图104、105，布艺玩偶作品中都运用了拼贴的装饰手法，充分利用蕾丝精美、镂空的特点，并使之有效地融入朴素的底部面料，实现对布偶的形体表现。

第二种样式是多层面料的重叠拼贴，如图106为安·伍德（Ann Wood）的拼贴鸟形布艺玩偶作品，以多种不同的面料进行重叠模拟鸟类层层叠叠的羽毛，呈现出写实中的诗意与意象感，并使作品充满手工感和艺术个性。

图104、105 艺术家埃琳娜·沃伊纳托夫斯卡娅运用贴布工艺创作的手工布艺人偶
图106、106 艺术家安·伍德运用贴布工艺创作的手工布艺玩偶
图108～110 美国波士顿艺术家米米·基什内尔运用贴布工艺创作的手工布艺人偶

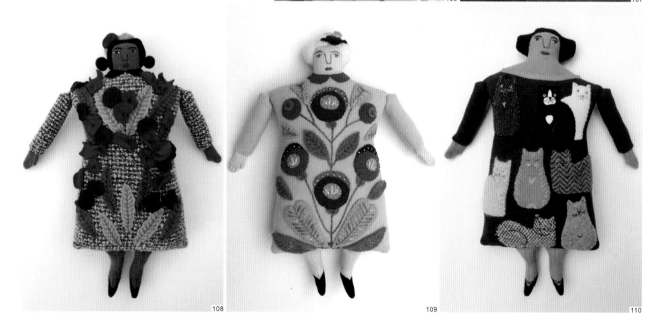

4.4.5 手工褶皱

手工褶皱是英国的传统工艺，也被称为斯麦克（Smocking）工艺。指通过手工将面料压褶、捏褶或运用手工缝线对面料实现伸缩性的褶皱，使面料呈现凹凸的立体效果。手工褶皱在手工布艺玩偶中的运用主要表现在服饰中，起到服饰贴合布偶人形，如收腰的裙子或领口等。

手工褶皱在布偶中也有较为特殊的样式表现，如图114～116为布偶玩偶艺术家约翰娜·弗拉纳根制作的手工布艺玩偶作品《昂纳·勒韦特》（Onna Leveret），布艺玩偶完成填充后，在布偶皮肤部分运用手工抽褶，

使面料的表面形态发生变化，形成凹凸不平的纹路，对人物面部做非常态的造型刻画，表现了手工布艺玩偶诡异暗黑的氛围特征。

图111～113 俄罗斯布偶艺术家伊琳娜·赛菲迪诺娃（Irina Sayfiidinova）运用手工抽褶的方式制作怪兽布偶的嘴巴，褶皱由嘴巴向脸部延续，形成恐怖暗黑的风格
图114～116 艺术家约翰娜·弗拉纳根创作的布艺玩偶，在布偶腹部运用手缝线进行抽褶

4.4.6 "破坏性"装饰工艺

"破坏性"装饰工艺指的是通过手工的形式对面料进行挖洞、磨损、抽纱、撕裂、火烧等，通过减少面料的纤维组织、破坏面料的组织结构等形式对面料进行改造。这种工艺在复古做旧风格的布艺玩偶设计制作中较为常见，是一种有效的"做旧"方法，通过破坏面料的外观状态使布偶形成破损、残缺的效果，如图 117 ~ 119 是西班牙艺术家伊莱·比奇塔（Eli Bichita）的手工布偶作品，运用磨损、抽纱等手法选择性减少布偶身体面料表面的绒毛，以此塑造布艺玩偶的破损形象，以此实现做旧的风貌以呈现岁月与历史感，拉近新玩偶与人的距离。

图 117 ~ 119 西班牙泰迪熊艺术家伊莱·比奇塔运用抽纱、磨损等破坏性装饰工艺创作的泰迪熊手工布艺玩偶

图 120 艺术家温迪·米格尔（Wendy Meagher）运用多种破坏性装饰工艺创作的手工布艺玩偶

图 121 ~ 123 英国艺术海伦·汤普森（Helen Thompson）创作的手工布艺玩偶，经过抽纱、拼布处理后形成粗糙的质感

图 124 ~ 131 不同艺术家运用染色、刺绣、贴布、抽纱等不同手工艺创作的泰迪熊布艺玩偶

法国艺术家 Anne Valérie Dupond × SOUTHFINESS 联名布偶系列

5 手工布艺玩偶塑形篇

5.1 头部塑形

头部是人和动物布偶重要的组成部分,尤其在肢体结构相近的人物造型中,头部往往是构成造型与性格特征的重要部分。人物偶的头部包括五官、头发、胡须;动物偶的头部包括五官、胡须、触角和犄角等。

5.1.1 面部塑形

由于人物题材手工布艺玩偶数量较多且制作难度相对较大,所以我们以面部,即人脸为例来分析设计及制作方法。德国画家阿尔布雷希特·杜勒(Albrecht Durer)为我们提供了一个很好的绘制人脸的工具,他想出了一种"网格绘画法"(参见图01),通过这种方法能够在绘制人脸时创建较为完美的形象比例,这种方法在手工布偶人脸的创作中同样适用。

布艺玩偶的脸能够最直接地反映布偶创造者的内心和精神世界,所以布艺玩偶面部的刻画成了重中之重。布偶艺术家通常运用手绘、刺绣、针雕、羊毛毡的方法表现布艺玩偶的面部(眼睛较为特殊,有的布艺人偶创作者通过镶嵌不同材质的眼球制作眼睛)。

手绘表现布偶面部,即直接将五官表情运用纺织品颜料、丙烯颜料、水彩颜料、油性笔、水性笔等绘画材料绘制到做好的布偶面部,也可运用部分化妆品,如腮红对面部进行化妆式刻画。

刺绣表现布偶面部,即将五官作为刺绣纹样,运用刺绣针法将其直接绣于已缝合填充的布偶面部或绣于布偶皮肤面料底布后,再缝合形成布偶的头部。针雕表现布偶面部,即运用针线的穿梭和拉扯形成立体的面部五官。羊毛毡表现布偶面部,通常运用于毛毡式布偶中,运用针毡的方法对五官进行刻画。

也可综合运用上述方法刻画布艺玩偶的面部,这取决于创作者的喜好和擅长的表现方式。

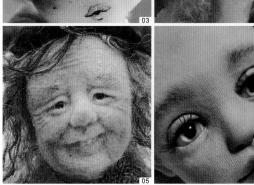

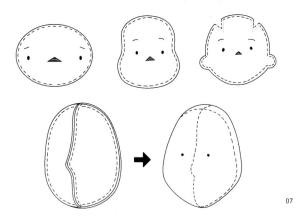

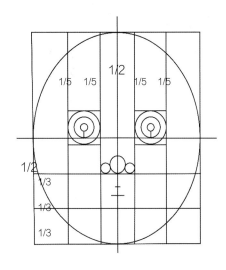

图01 "网格绘画法"的面部五官比例,作者绘制
图02 运用手绘表现手工布艺玩偶的面部五官
图03 运用刺绣工艺表现手工布艺玩偶的面部五官
图04 运用针雕使面部五官立体化后进行上色
图05 毛毡人偶的面部五官表现
图06 镶嵌滴胶眼球的手工艺布艺玩偶面部
图07 几种较为常见的布艺人偶脸型及缝纫方法,作者绘制

01

图 08　不同风格的人形和动物形布艺玩偶面部表情造型，作者绘制

5.1.2 头发塑形

发型对手工布艺人偶来说是非常重要的一个环节，也是一个较为复杂的环节。发型部分塑造也包括直接作用于发型的头饰，如发卡、发带、帽子等。根据布艺玩偶风格的不同，其发型的设计、制作头发所运用的工艺和材料都有所不同。

手绘、刺绣以及直接将布艺人偶的"头发"缝合到头皮上，是制作布艺人偶发型最常见的工艺方式。美国手工布艺人偶艺术家雪莉·桑顿制作人偶头发的方式比较特别，她将人偶的头发分块进行缝合填充后，再缝合到布艺人偶的头部，通过这种方式制作的布偶头发更加有立体感和赋有造型感。

制作手工布艺玩偶头发的材料比较多样，如不同质感和粗细的毛线、绣线、布条、仿真人头发质感的天然和化学纤维材料、丝带等。其中毛线、绣线、布条制作

头发的手工感更强；仿真人头发质感的纤维材料更有光泽感且可以根据需求选择直发和卷发（可选择不同弯曲程度）；运用丝带等较为罕见材料制作头发可使布艺人偶更具有独特个性。

图 09 美国艺术家雪莉·桑顿创作的布艺人偶中填充式的头发
图 10 荷兰艺术家阿努克·潘托沃拉（Anouk Pantovola）运用手绘表现手工布艺玩偶的头发
图 11 运用刺绣工艺表现手工布艺玩偶的头发
图 12、13 运用多股毛线和单股毛线制作的布艺人偶头发
图 14 运用布条制作的布艺人偶头发
图 15 作者购买收藏的运用化学纤维制作布偶头发的布艺人偶，作者拍摄
图 16 艺术家 Patti Medaris Culea 创作的手工布艺玩偶，运用化学纤维和丝带制作布偶的头发
图 17 运用金色蕾丝制作布偶的头发

图 18 部分布艺人偶发型设计效果图及四款布艺人偶发型制作方法示意图，作者绘制

5.2 肢体塑形

肢体指四肢和躯体，手工布艺玩偶的肢体是指双手、双脚、双臂、双腿和身体。

由于手工布艺玩偶都是由不同的艺术家设计并且手工制作完成，不可能做到身体比例的整齐划一，存在极大的多样性和差异性。

手工布艺玩偶大多都是参照现实中人或动物的生理结构和体态特征进行创作的，所以它们无论在身体比例上存在何种差异，其身体结构大致上都是类似的。按照身体比例可以将手工布艺玩偶（这里一般指向人形布艺玩偶）分为纤细型和丰满型，纤细型的布艺玩偶一般是成人体型的布艺玩偶，整体呈瘦长状，双臂和双腿较长；丰满也指饱满，形容人体胖的适度好看，丰满的造型比较适合可爱型的布艺玩偶。

由于纺织品材质的性质决定了布艺玩偶在动作方面的限制比其他材质的玩偶限制更少，更加灵活，但是同样因为其材质柔软，布艺玩偶除了头部之外的其他部位都可以自由的活动，很容易变形且不易固定动态，所以大部分人形布艺玩偶内部都有金属丝制作的骨架进行支撑，以此解决动作无法定型的问题。

手工布艺玩偶双手和双脚的表现方式可分为四种类型，以人形布艺玩偶的手为例，第一种为最简单的不分手指直接呈圆弧状缝合；第二种将大拇指单独分隔出来，其他四根手指仍然不做区分；第三种是在第二种的基础上将大拇指单独分隔后其他四根手指中间用缝纫线进行分隔；第四种为五根手指都单独分隔，通常运用在做工比较精细的布艺人偶中，其做工较为复杂，特别是缝合后将面料反掏的难度较大，且一般内部需要运用金属丝，以达到五根手指都可以弯曲并且起到了定型的作用。布艺玩偶的双脚一般为上述的第一种和第三种情况，如有单独制作的鞋子也可省略部分细节的制作。

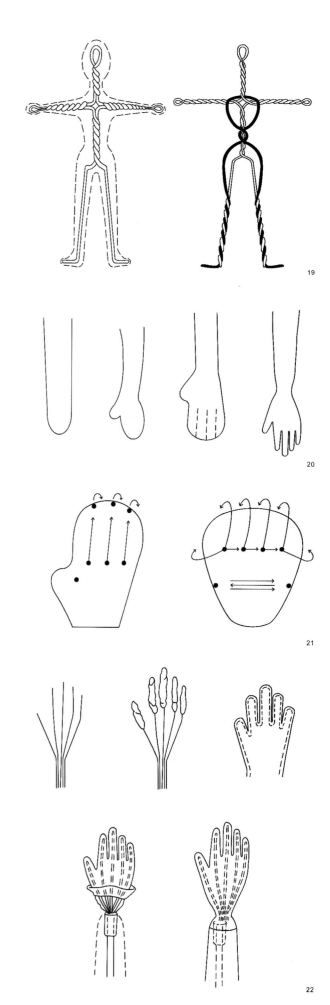

图 19 布艺玩偶内部常见的两种金属丝制作的骨架示意图，作者绘制
图 20 人形布艺玩偶手的类型示意图，作者绘制
图 21 缝纫区分手指、脚趾方法示意图，作者绘制
图 22 人形布艺玩偶五指分离的手部制作方法示意图，作者绘制

图 23 ~ 26 设计师李衍萱创作的手工布艺人偶作品及其身体、手、脚细节图，其中手内部放置金属丝可随意变化弯曲，作者拍摄
图 27 大拇指和其他四指分隔的布艺玩偶手部
图 28 纤细型布艺人偶身体坯形
图 29 丰满型布艺人偶身体坯形，为儿童体态的布艺人偶
图 30 四肢修长的纤细型布艺人偶
图 31 布艺玩偶手内部放置的金属丝
图 32 通过填充缝纫区分脚趾的布艺人偶

5.3 关节塑形

骨与骨之间的连接称为骨连接。骨连接又分为直接连接和间接连接,关节是间接连接的一种形式。根据连接组织的性质和活动情况,可将关节分为不动关节、半关节和动关节三类,其中手工布艺玩偶设计制作中所涉及的关节部位皆为动关节。以人体为例,人体的绝大部分骨连接属于动关节,共有 200 多个,手工布艺玩偶中所涉及的主要有肩关节、肘关节、腕关节、髋关节、膝关节和踝关节,它们是玩偶变换姿势时转动和弯曲的支点和枢纽。

无论是人形布艺玩偶还是动物形布艺玩偶,在关节连接处的处理方式都类似,手工布艺玩偶关节连接的方式大致上可以分为三类。

5.3.1 无关节或简单缝纫

无关节连接的手工布艺玩偶指布偶身体及四肢(或头部也连接在一起)连接在一起的,两片式面料进行缝合填充后直接形成一个完整的人形或动物形;或者四肢及身体分别为不同布片,缝合填充后将四肢缝合到身体上。通过简单地在肘关节和膝关节处缝纫几针,使得布偶表面形成凹陷以此表现关节的存在,且凹陷处填充物缺失则可进行弯曲简单动作造型。

5.3.2 纽扣式关节

运用纽扣对关节进行固定,一般运用在肩关节(双臂和身体间的连接)、髋关节(双腿和身体间的连接),以及少数运用在头部与身体的连接。纽扣运用在手工布艺玩偶关节处的方式有两种:一种较为常见的是纽扣位于四肢外侧,运用针线依次多次穿过胳膊到身体,再到胳膊(腿到身体到腿)将其连接起来。另一种纽扣为类似按扣的子母纽扣,分别位于身体两侧和四肢内侧,将四肢和身体连接在一起。运用这种关节连接方式的布偶,布偶的动作表现上受到一定的限制,如双臂只能贴合身体做 360 度转动,而无法进行侧举动作。

5.3.3 球型关节

球型关节一般为中间有孔的木头球形材料,在手工布艺玩偶的设计制作中多运用于膝关节、肘关节、踝关节和腕关节,可根据布偶的尺寸选择木球的大小。运用球型关节的工艺方式有两种:一种球形关节位于面料外部,即布偶在没有服饰遮挡的时候可以看到球形关节的存在,木球的穿线孔呈水平方向放置,针线多次穿过需连接的两部分即木球穿线孔进行连接,这种方式工艺上较为简单所以较为常见。第二种方式是指球型关节被包裹需要连接的两部分的其中一部分的面料内,木球的穿线孔呈水平方向放置,针线穿过木球穿线孔和未放置木球的另一部分将其连接起来,这种方式对制作工艺的要求相对较高,但是较为美观。

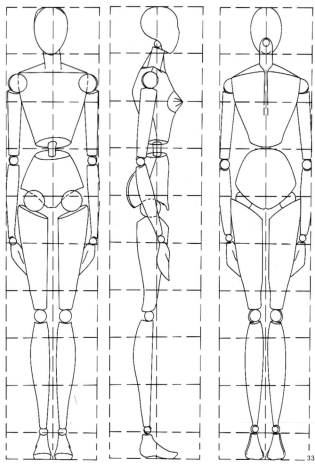

33

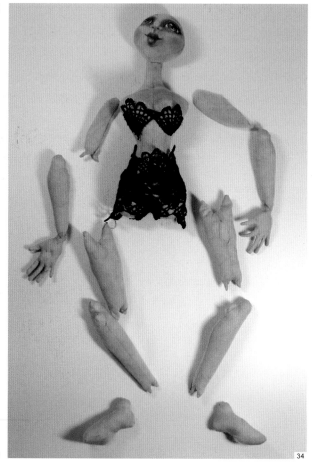

34

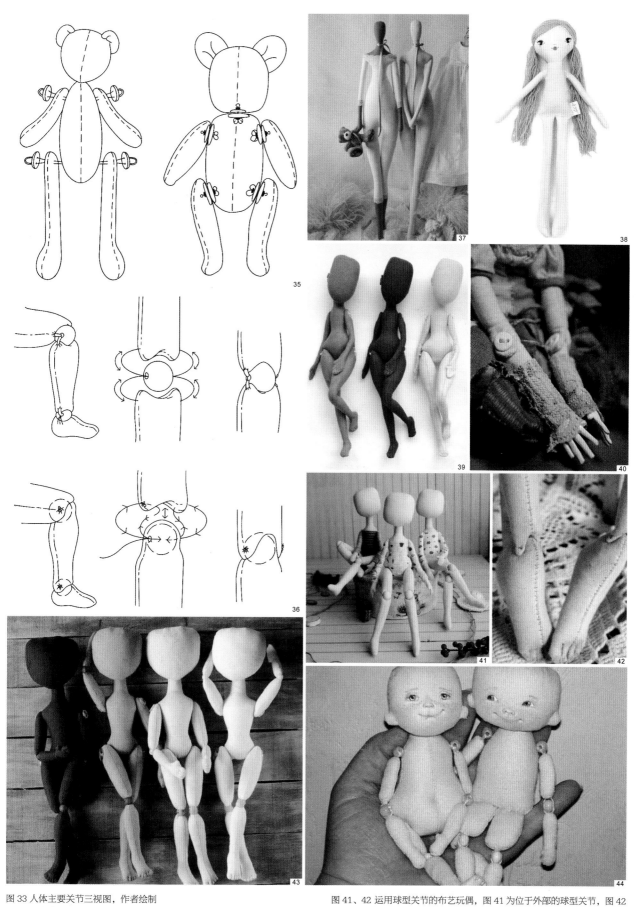

图 33 人体主要关节三视图，作者绘制

图 34 艺术家 Patti Medaris Culea 未经关节连接的手工布艺人偶半成品

图 35 纽扣关节两种形式的示意图，作者绘制

图 36 球型关节两种制作方法的示意图，作者绘制

图 37、38 无关节或通过简单缝纫表现关节的布艺玩偶

图 39、40 运用纽扣式关节的布艺玩偶

图 41、42 运用球型关节的布艺玩偶，图 41 为位于外部的球型关节，图 42 为位于内部的球型关节

图 43 纽扣式关节、球型关节结合运用的布艺玩偶，肩关节、髋关节运用纽扣式关节，肘关节、膝关节运用球型关节

图 44 肩关节、肘关节、膝关节都运用球型关节的布艺人偶，虽然活动非常灵活，但动态定型困难

5.4 服饰设计与制作

服饰包括服装、鞋子、帽子、袜子、手套、围巾、丝巾、领带、包、伞、配饰（发卡、发带、胸针、耳饰、腰带、戒指等）等。其中服装的分类方式有很多种，按照性别可分为男装、女装和无性别服装；按照受众年龄可分为婴儿服装、儿童服装、成人服装、老年服装；按照季节可分为春装、夏装、秋装、冬装；按照穿着部位可分为上装、下装、连体装；按照用途可分为休闲服装、运动服装、职业服装、演出服装、室内服装等；按照服装款式可简单分类为中式服装、西式服装、民族服装等；按照材质和制作工艺可分为棉麻服装、呢绒服装、丝绸服装、牛仔服装、羽绒服装、毛皮服装、印花服装、刺绣服装、针织服装等；除此之外还有类似消防服装、潜水服、飞行服、宇航服等具有特殊功能性的服装。

玩偶的服饰设计几乎涵盖了人类服饰中出现的所有类型，以芭比娃娃为例，从1959年3月9日于美国国际玩具展览会上数次曝光开始，芭比娃娃和她的朋友们一共穿过约10亿件衣服，现在每年还是会有很多新款芭比娃娃服装上市。布艺玩偶可以被视为是一个缩小型且有拟人化色彩的世界，人类的服饰不仅可以运用于布艺人偶中，也可以运用在其他题材的布艺玩偶的设计制作中。在布艺玩偶中服饰起到包裹且装饰布偶身体的功能，直接暴露在观赏者的视觉下，因此服饰的设计与制作是手工布艺玩偶中至关重要的环节。手工布艺玩偶的服饰虽然没有现实服饰般细致的分类、强大的功能性和可穿着性，但是结合布偶造型，依然呈现风格多变且具有艺术色彩的服饰样式。

其中人形题材布艺玩偶和拟人化的其他题材布艺玩偶，按照体型可大致分为儿童体型和成人体型。儿童体型的布艺玩偶受到布偶体型的影响，其服装廓形一般是"A"型、"H"型和"O"型为多数。这类布艺玩偶三围尺寸都很接近，腰身尺寸无差异或差异非常不明显，因此它们的服装廓形一般不强调腰线。成人体型的布艺玩偶的服装廓形则几乎包括了所有人类服装的类型。

手工布艺玩偶的服饰设计在很大程度上会受到创作者的喜好及其所生活地区和国家服饰的影响，这也是构成布偶风格的重要造型元素之一。

图45 手工制作泰迪熊的艺术家科瓦尔丘克·奥尔加（Kovalchuk Olga）设计制作的身着不同款式的英伦风服饰的泰迪熊

图46 手工布偶艺术家苏珊娜（Susannah）创作的身着不同服饰的布艺人偶

图47 俄罗斯布偶艺术家斯维特拉纳（Svetlana）创作的身着俄罗斯服饰的布艺人偶

图48 布偶艺术家埃琳娜·韦尼杜波娃（Elena Vernidubova）创作的身着不同服饰的布艺人偶

图49、50 以印花面料为主的布艺人偶服饰

图51～53 以编织工艺为主的布艺人偶服饰

图54 布艺人偶的包包配饰

图55、56 布艺人偶的鞋子及皮质鞋子的制作过程

5.5 布偶制版与缝制

设计和制作手工布艺玩偶需要了解一些布偶打版及缝纫填充的基本技巧，一块、两块甚至更多块面料进行缝合填充，都能得到不同的三维立体形态。每个布艺玩偶艺术家都有自己的一套基本的布偶版式及缝合填充的方法，在这个基础上再进行不同布艺玩偶个体的艺术化创作。下面以泰迪熊与兔子为例，进行打版及缝合图解。

5.5.1 泰迪熊打版图解

泰迪熊自诞生之日至今已有百余年历史了，泰迪熊这个经典的布偶形象陪伴了几代人的成长，赢得人们的喜爱，是一个很好的学习和了解布艺玩偶设计和制作的对象。如图57是一个经典的泰迪熊形象及其打版图。一般泰迪熊的头由三片面料组成，侧面两片，中间一片；每只耳朵由两片面料组成；身体由两片面料组成，缝缝分别位于身体的前后侧；每只胳膊和腿分别由两片面料组成，掌心和脚掌以贴布形式缝合。

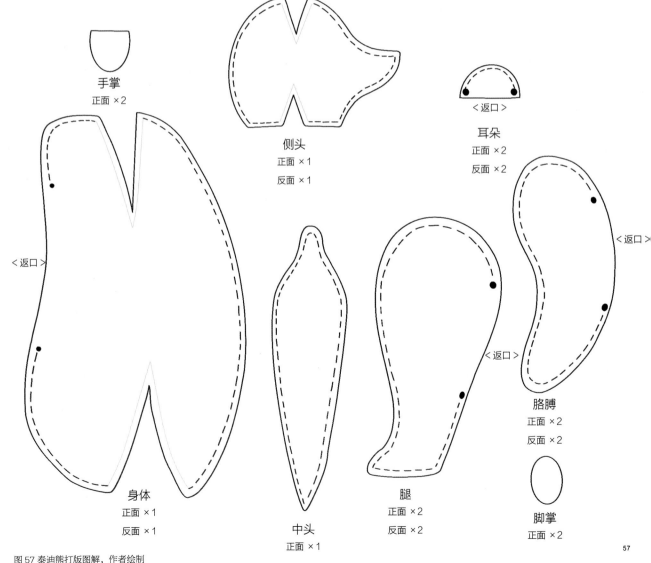

图 57 泰迪熊打版图解，作者绘制

5.5.2 兔子布偶打版及缝合方法图解

兔子布艺玩偶是最常见的布偶形象之一，如图 58 是一个较为常见的兔子布偶打版图及其缝合方法图解。难点是身体下方的缝合方式，可运用珠针固定四个点位后，将底部拉平形成底面，再将两侧进行缝合。

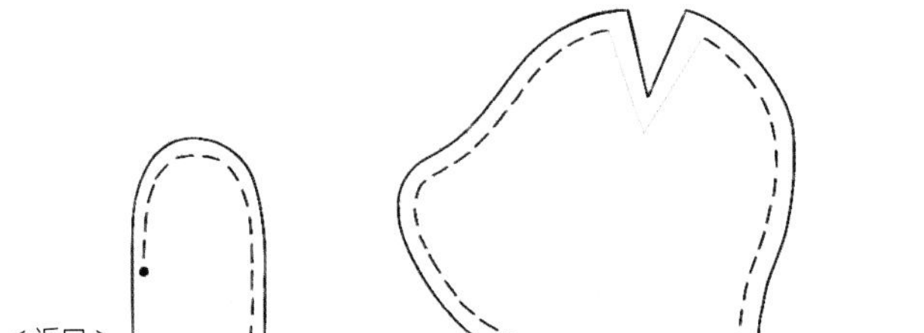

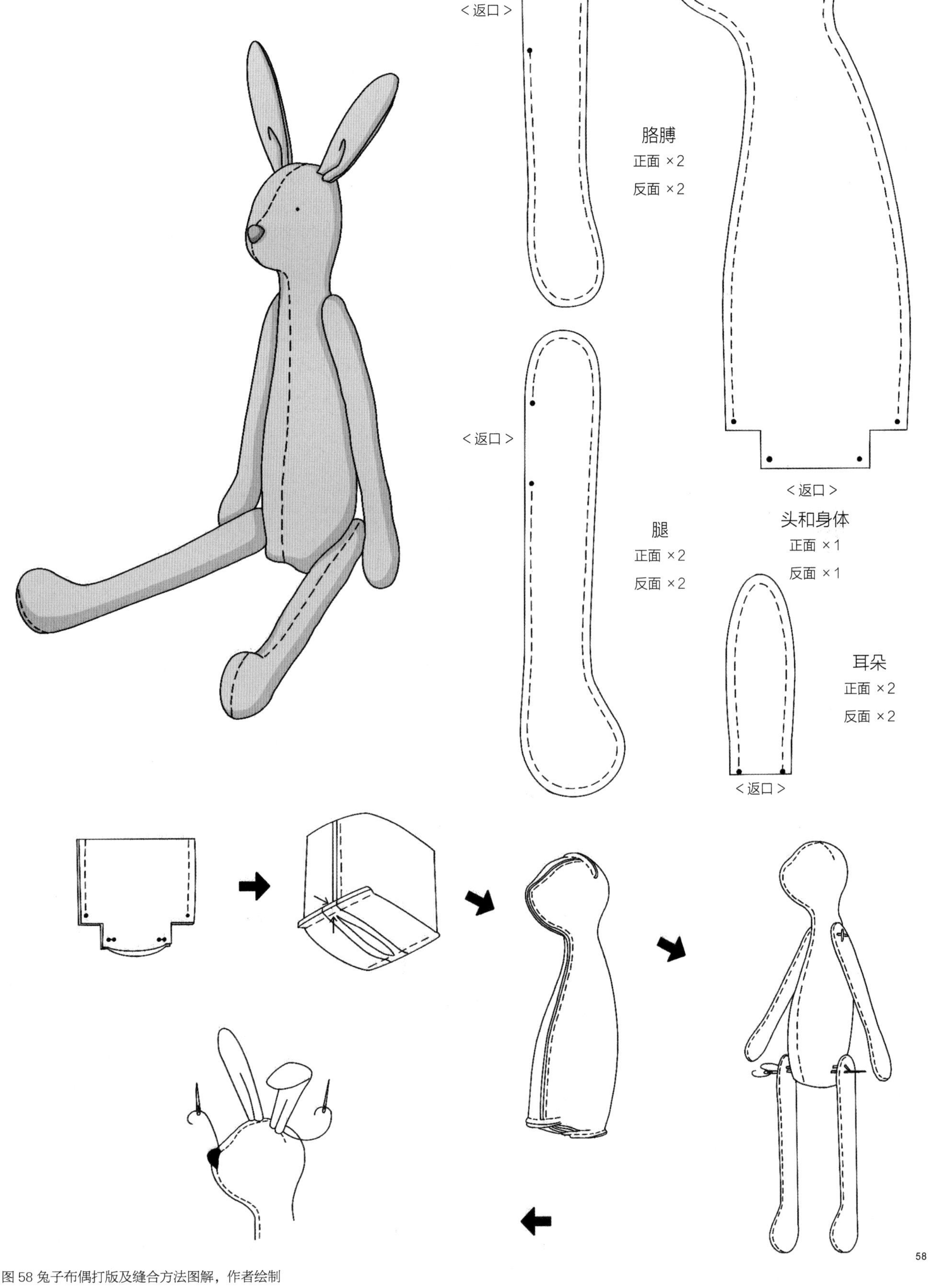

<返口>

胳膊
正面 ×2
反面 ×2

<返口>

腿
正面 ×2
反面 ×2

<返口>

头和身体
正面 ×1
反面 ×1

耳朵
正面 ×2
反面 ×2

<返口>

58

图 58 兔子布偶打版及缝合方法图解，作者绘制

俄罗斯艺术家塔吉亚娜·帕拉尼丘克（Tatyana Parantchuk）的手工布艺玩偶作品

6 手工布艺玩偶艺术家及作品介绍

6.1 米斯特·芬奇（英国）
Mister Finch

米斯特·芬奇（Mister Finch）是英国著名的软雕艺术家。他通过手工缝纫创作的布艺玩偶有雕塑一般扎实的质感，极具个性和感染力。面料对米斯特·芬奇有着强烈的吸引力，虽然米斯特·芬奇没有受过正规系统的印染与缝纫相关的知识学习，只通过简短的艺术课程培训，芬奇却能掌握印染、刺绣等纺织品工艺，并恰到好处地运用于他的软雕创作中。

米斯特·芬奇生活在英国约克郡的利兹，那是一个距离美丽的约克郡山谷不远的地方，那里有英国最美丽的生态环境和丰富的动植物资源。米斯特·芬奇的每一件创作都与约克郡山谷的自然风光相关，在芬奇的眼里：花、昆虫和鸟类有着令人惊叹的生命周期，这一切都令芬奇着迷。

家乡的自然景象以及英国丰富的民俗、历史故事、神话传说构成了米斯特·芬奇创作的灵感与源泉。他曾经为搜集创作的灵感和材料，独自翻越了英国的各处森林和山谷。米斯特·芬奇还喜欢阅读和观看老电影，那些陈旧的事物、过去的时光深深地感染着米斯特·芬奇，也使芬奇的作品笼罩着复古做旧的艺术风格。

米斯特·芬奇从 2014 年开始进行软雕塑艺术创作，在此之前他曾经从事过很长一段时间的珠宝设计工作，后来开始厌倦这项设计工作后，在 30 岁时米斯特·芬奇把所有珠宝设计使用的工具和材料都送了人，并购买了一台缝纫机，由此开始尝试进行布艺软雕塑创作。

最初，米斯特·芬奇在没有钱的时候就去餐厅打工，在缺少创作材料的时候就用旧的桌布、餐巾等任何能获得的纺织材料进行创作。他曾说："我真的很高兴找到了软雕塑，感觉好像以前经历的一切都是为了今天的软雕创作。那些失败和错误仿佛都是必经的，为的是成全我人生中与软雕的这份最美丽的缘分。"米斯特·芬奇作品中呈现出一种成年人的冷静，以及孩童的稚气，这归功于米斯特·芬奇在创作时对爱与情感的投入，就像他坚信：创作时融入很多爱与含义，就一定会有神奇的

事情发生。

目前，米斯特·芬奇不接受定制作品，因为他只想做自己喜爱的作品。

米斯特·芬奇的作品可以把人带入一个奇幻世界：兔子戴着复古的拉尔夫领子，天鹅装饰着闪亮的皇冠，飞蛾挥动着迷人的翅膀……米斯特·芬奇使用的材料绝大部分都是回收材料，比如旧旅馆里的天鹅绒床帘、二手的复古婚纱、旧桌布和围裙，他将这些面料变成了巨大的蘑菇、昆虫和鸟类。

米斯特·芬奇认为创作不仅是他的一份道德生命，也不仅是一种资源再利用，更是对人们情感的一种延续，这也为作品增加了一份真实性和魅力。

米斯特·芬奇擅长将废旧的织物与染色和刺绣工艺相结合，他说这些废旧的东西变成飞禽走兽去寻找新的主人去冒险了。

米斯特·芬奇还经常从童话里获得灵感，他天生对危险的东西充满好奇。在他眼里，美丽和危险是童话的两面，也是最吸引他的地方。大部分人觉得恶心而危险的飞蛾，却是米斯特·芬奇喜爱的题材，他觉得巨型飞蛾充满了童话感，并选用美丽的面料来制作与表现飞蛾。除了飞蛾，各种各样的昆虫也是芬奇喜爱表现的主题，比如蜘蛛，较之色彩丰富的飞蛾，米斯特·芬奇呈现了蜘蛛朴素的造型样式。

在植物中，米斯特·芬奇认为蘑菇最有童话色彩。蘑菇造型奇特，有的还带有毒素，应和了"美丽而危险"的特性。而芬奇格外痴迷制作布艺动物和昆虫的另一个原因，是因为这些自然的生命是他不能带回家的，所以他想通过缝纫的方式为这些生物赋予别样的生命。

图 01 米斯特·芬奇进行创作的工作室
图 02 正在进行创作的芬奇

图 03 ~ 05 米斯特·芬奇运用染色和传统刺绣工艺创作的不同形态的飞蛾，通过茶水或咖啡染色形成复古做旧风格

米斯特·芬奇的作品风格可以分为两个类型：一种是偏向维多利亚时期的风格，运用蕾丝、荷叶边、多层次的蛋糕裁剪、褶皱等元素，运用有纹样的面料和刺绣。另一种是偏现代感较为时尚的风格，主要运用各种各样的缝纫技巧和染色来完成。米斯特·芬奇每创作一件作品，都会按照先画草图，然后做纸版，再裁布、缝合、装饰等步骤（如作品中有刺绣纹样，通常会在裁布前进行刺绣）。整个创作的制作过程中，如实验一半，需要不断调整与修改，有时还需要返回到上一个步骤去更正，如裁布发现不对的地方，再重新修改纸版。米斯特·芬奇的作品装饰，主要表现在染色、缝线、顶珠、手绘等方面。

图 06 米斯特·芬奇独特的缝纫和填充工艺，看上去饱满且质感扎实
图 07 米斯特·芬奇于 2016 年创作的手工软雕塑系列，运用本白面料结合局部染色的装饰工艺
图 08 米斯特·芬奇于 2015 年创作的巨型蜘蛛软雕塑作品
图 09 米斯特·芬奇于 2017 年创作的巨型昆虫软雕塑作品，米斯特·芬奇将昆虫放大，认为颠倒事物的体积比例具有童话色彩

图 10 米斯特·芬奇创作的兔子头像软雕塑作品
图 11 米斯特·芬奇于 2014 年创作的昆虫软雕塑作品
图 12 米斯特·芬奇于 2014 年创作的蘑菇软雕塑作品，他说制作蘑菇的过程中最困难的是做菌褶
图 13 米斯特·芬奇于 2019 年创作的兔子软雕塑作品
图 14、15 米斯特·芬奇于 2015 年创作的动物软雕塑作品，身体和服装部分运用了大量老绣片，偏维多利亚时期的风格
图 16 ~ 18 米斯特·芬奇创作的死亡鸟（Dead Birds）系列软雕塑作品

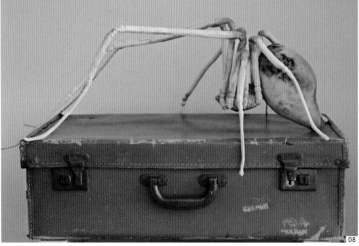

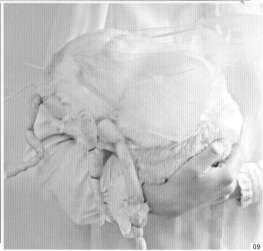

6.2 冲田由美（日本）
Yumi Okita

　　冲田由美（Yumi Okita）是一位生活在美国北卡罗来纳州的日本艺术家。昆虫题材的手工布艺软雕塑作品是冲田由美唯一选择的主题，她尤其钟爱蝴蝶、飞蛾的主题创作，作品在以手工艺成品买卖为主要特色的网络商店平台 Etsy 上进行售卖。

　　冲田由美创作的飞蛾作品，在材料的选用上，翅膀大多运用棉布制作而成，身体部分则用人造毛来模仿飞蛾身上毛茸茸的质感，用羽毛制成触角，飞蛾的底部运用金属制作的六足，同时也支撑了整个软雕。在工艺上，运用手绘染色和手工刺绣相结合，刺绣表现的针法非常丰富，最常用的针法是平绣、乱针绣、打籽绣，以增加作品的细节感。冲田由美从飞蛾的翅膀上获得色彩和图案的启发进行创作，她擅长运用局部刺绣或满绣工艺表现飞蛾翅膀中的纹理、层次和颜色渐变。通过对冲田由美的作品进行观察，可以发现她大多运用单股线进行刺绣，这样做虽然刺绣的速度较慢，但是作品细腻精致。这也形成了冲田由美的作品风格：写实精美，做工细腻。她制作的布艺昆虫作品往往比真实的昆虫更大一些，尺寸可以达到 30 厘米宽、10 厘米高，每只手工制作的蝴蝶或昆虫都是独一无二的。冲田由美从大自然中捕捉形象，并赋予其艺术化的造型语言，形成其特有的软雕艺术样式。

图 19 ~ 25 冲田由美创作的飞蛾手工布艺玩偶
图 26 冲田由美创作的蜻蜓手工布艺玩偶
图 27 冲田由美创作的知了手工布艺玩偶

101

不难发现，有较多艺术家以蝴蝶或飞蛾作为素材进行艺术创作。如被称为英国"最贵"的艺术家达明安·赫斯特（Damien Hirst）曾和亚历山大·麦昆（Alexander McQueen）合作创作了一系列经典的丝巾图案就是以蝴蝶作为创作元素。除冲田由美之外还有许多手工布艺玩偶艺术家将蝴蝶和飞蛾作为创作主题，如英国伦敦的艺术家麦克斯·亚历山大（Max Alexander）擅长用编织工艺创作昆虫布艺玩偶；美国艺术家莫莉·伯吉斯（Molly Burgess）擅长运用有图案的各种材质的面料结合手绘和刺绣工艺创作昆虫布艺玩偶。

图28、29 达明安·赫斯特 × 亚历山大·麦昆于2013年合作的丝巾系列，以蝴蝶等昆虫高清照片作为创作素材进行解构再设计
图30 ~ 32 麦克斯·亚历山大运用编织工艺创作的飞蛾、蝴蝶手工布艺玩偶，翅膀的编织图案严格对称，形成一种有趣的秩序感和手工感
图33 ~ 35 莫莉·伯吉斯创作的飞蛾手工布艺玩偶

6.3 阿努克·潘托沃拉（荷兰）
Anouk Pantovola

阿努克·潘托沃拉（Anouk Pantovola）是一位插画师和手工艺术家，她出生于荷兰，成年后大部分时间生活在伦敦、苏格兰和西班牙。"Pantovola"是阿努克·潘托沃拉为自己起的名字，其中包含了她喜欢的三种要素：Pantoffel（一种荷兰老式拖鞋）、Tovenaar（一名荷兰魔术师）、Pavlova（甜品帕芙洛娃蛋糕）。阿努克·潘托沃拉是一位拥有丰富的想象力和强大工艺制作技能的艺术家。

潘托沃拉创作的作品深受童话、民俗、自然、梦想和童年记忆的启发，她认为自己创作的所有手工布偶都归属于一个大型的故事系列中，没有一件作品是独立存在的。从小潘托沃拉就有很强的动手能力，她第一次制作布艺玩偶时才六岁。第一只正式的"Pantovola"布偶诞生于 2015 年，当时潘托沃拉居住在伦敦的一艘狭窄的运河船上。她的手工布艺玩偶结合了布艺、羊毛毡、陶瓷、黏土等多种材料与工艺，因为喜欢古典的复古风格，潘托沃拉喜欢给自己的布艺人偶进行做旧处理。潘托沃拉喜欢在旅行中收集老式纺织品，尤其是充满了褶皱的旧面料和有磨损痕迹的线，她说旧面料的纤维里早已编织进了许多故事与秘密。她制作手工布艺玩偶时，所运用的棉布都未经过漂白处理，且布艺玩偶的填充物使用的也是回收的棉绒，并将这些材料与黏土制作的身体结合在一起，创作出充满童话色彩的布艺人偶。

图 36 阿努克·潘托沃拉进行创作的工作室
图 37 在进行手工布艺玩偶创作的阿努克·潘托沃拉，工作室的墙面上是她的插画作品

阿努克·潘托沃拉除了做手工布艺玩偶外，还进行插画创作，也经常将插画运用到手工布艺玩偶的创作中，这使其的画作和布艺玩偶之间有着隐秘的联系，并通过不同的艺术媒介和表现方式相互呼应。

布艺玩偶融进了阿努克·潘托沃拉对艺术的所有灵感、愿望和工艺表现：绘画、面料、缝纫、拼贴、复古装饰元素。也正是因为阿努克·潘托沃拉的心中充满了情景般的画面感，所以她所创作的手工布艺玩偶并非孤立存在，而是以剧院舞台的形式进行创作表现：人物和动物之间有着紧密的剧情联系，仿佛在一个世界中包含着另一个世界。潘托沃拉的作品所呈现的创作风格十分矛盾，一方面充满了童话色彩，一方面又表现出一些暗黑色彩——表现在她创作的所有布艺玩偶的胳膊都以奇怪的态势向上扭曲。

图38、39 阿努克·潘托沃拉的插画作品，与她制作的手工布艺玩偶的风格高度统一，且有很多手工布艺玩偶是根据她的插画作品进行创作的

图40 阿努克·潘托沃拉收藏的旧蕾丝花边
图41 阿努克·潘托沃拉收藏的刺绣花边，并将其运用到手工布艺玩偶创作中
图42 阿努克·潘托沃拉的手工布艺人偶制作过程，由此可看出阿努克·潘托沃拉的人偶并非全部填充棉花而是仅在肢端填充棉花
图43 阿努克·潘托沃拉的手工布艺人偶手的制作过程
图44 阿努克·潘托沃拉的手工布艺人偶制作过程，部分人偶的面部由黏土制作而成，黏土晾干后在其表面直接手绘五官
图45 阿努克·潘托沃拉及她按照自己形象制作的手工布艺玩偶
图46 阿努克·潘托沃拉的手工布艺人偶服装细节
图47 阿努克·潘托沃拉创作的手工布艺玩偶，被她赋予故事，主题为《被遗忘的森林》，这个故事的主人公有森林仙女阿贝莉亚（Abelia）和她的爱人植物学家伯特·边沁（Bert Bentham），他们的女儿莉莉（Lily）和喜鹊比利（Billy），还有他们的朋友狼女巫

图48 阿努克·潘托沃拉创作的半身手工布艺玩偶

图49、50 阿努克·潘托沃拉创作的人物手工布艺玩偶

图51 阿努克·潘托沃拉创作的动物手工布艺玩偶

6.4 尤利娅·乌斯蒂诺娃（俄罗斯）
Yulia Ustinova

尤利娅·乌斯蒂诺娃（Yulia Ustinova）出生于俄罗斯的一个艺术世家，父亲是一位图书插画艺术家，母亲是一位雕塑艺术家。在擅长手工的母亲的熏陶下，尤利娅·乌斯蒂诺娃5岁时就开始跟母亲学习钩针技术，11岁时她进入一所专业艺术学校学习绘画、雕塑艺术课程，并在课余时间用钩针编织服装和简单的玩具，以及室内用品等。在尤利娅·乌斯蒂诺娃成为一名插画家后，有一次她突发奇想，编织一只布艺玩偶，就此，尤利娅·乌斯蒂诺娃开始将雕塑语言和喜爱的钩针工艺结合起来进行艺术创作——软雕艺术。

尤利娅·乌斯蒂诺娃的钩针作品主要分为两类：一类是运用钩针编织复制著名的艺术品；一类是运用钩针编织进行新的创作，这类创作的灵感来源于周围真实的生活，创作题材主要是人物，尤其是女性题材。她为这些作品命名为"tetki"（俄语：大女人，意思是没有受过教育和没有梳洗打扮的女性。尤利娅·乌斯蒂诺娃在一次采访中也将其解释为丰满的女性，她说也许会有一个词汇更适合来形容她，当然这取决于她自己的心情以及她创作出作品的形象）。尤利娅·乌斯蒂诺娃在创作中并不使用模型，而是把镜子中的自己作为模特，她的作品展现了女性的各种有趣而性感的姿态，表现出一种沉静自在、无拘无束的美感。尤利娅·乌斯蒂诺娃沉迷于雕塑般的形体语言，表现的人物形象绝大部分是不着装的裸体，在她眼里，服装的存在会让她的作品看起来更接近"洋娃娃"，这不是她想看到的艺术。

尤利娅·乌斯蒂诺娃手工钩针的软雕塑作品尺寸大小在25厘米至60厘米之间，虽然她很想创作更大尺寸的作品，但是受到人偶内部金属支架制作上的局限，大尺寸的人偶雕塑现在还难以实现。尤利娅·乌斯蒂诺娃创作的材料为毛线，并运用非常细的钩针将毛线紧密连接。在过去的十多年里，她一直运用4股或者5股彩色的毛线混合形成色彩斑斓的线进行钩针编织，她认为运用粉色或肉色的线会减弱作品的艺术性，多色的混合所形成的色调才符合她的创作设想。完成钩针编织后，还需要运用棉花将其填充结实，勾勒出她想要表现的女性曲线。

尤利娅·乌斯蒂诺娃的作品会在奥尔加·奥库扎瓦（Olga Okudzava）的作家玩偶博物馆和莫斯科中央艺术之家（Central House of Artists）进行展出，她很少会出售自己的作品。

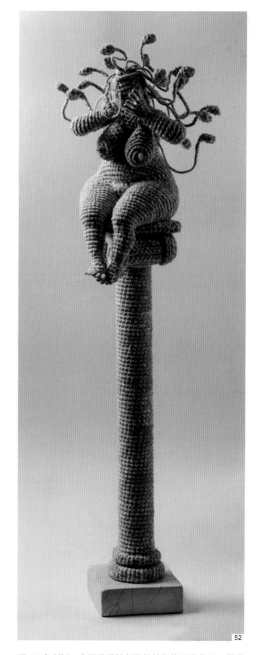

图52 尤利娅·乌斯蒂诺娃创作的编织软雕塑作品，借鉴了雕塑作品的形式，将丰满、动态的女性形象置于底座上

图 53 ~ 56 尤利娅·乌斯蒂诺娃创作的与吊环结合的编织软雕塑，展示女性在吊环上的各种姿态
图 57 尤利娅·乌斯蒂诺娃创作的编织软雕塑，在地面上身体呈扭曲状的丰满女性形象
图 58 尤利娅·乌斯蒂诺娃创作的编织软雕塑，在圆柱底座上跳跃的女性，让人感觉到动态和欢愉

图 59 尤利娅·乌斯蒂诺娃创作的编织软雕塑，翘着二郎腿的女性形象
图 60 尤利娅·乌斯蒂诺娃创作的编织软雕塑，展现了两位在穿针引线的女性的不同动作和神态
图 61 尤利娅·乌斯蒂诺娃创作的编织软雕塑，在织毛衣的女性形象，是尤利娅·乌斯蒂诺娃作品中为数不多身穿服装的人物形象
图 62 尤利娅·乌斯蒂诺娃创作的编织软雕塑，在淋浴的女性形象，用细丝线模仿了动态的水流
图 63 尤利娅·乌斯蒂诺娃创作的编织软雕塑，正在读书的女性形象
图 64 尤利娅·乌斯蒂诺娃创作的编织软雕塑，颜色和体形互补的两个女性形象
图 65 尤利娅·乌斯蒂诺娃创作的编织软雕塑，手执丝带的女性
图 66 尤利娅·乌斯蒂诺娃创作的编织软雕塑，半人马的男性形象和丰满的女性形象

6.5 玛丽娜·格莱波娃（俄罗斯）
Marina Glebova

玛丽娜·格莱波娃（Marina Glebova）是一位俄罗斯新西伯利亚的手工布艺玩偶艺术家。她在大学的专业是陶艺，所以玛丽娜·格莱波娃创作的布艺玩偶中有很大一部分玩偶的面部和手足是由陶瓷烧制而成的，运用哑光颜料手绘描绘。玩偶的身体和四肢部分由白色棉麻面料制作而成，再给玩偶制作精美的服饰，形成极具风格特色的手工布艺玩偶。

玛丽娜·格莱波娃最初的玩偶作品大多以人物为题材，后来当她感到厌倦时，转向将动物形象"角色化"的创作形式，以给每一件作品命名，为角色构建一段以爱情或友情为情节的简短故事，以此赋予了布偶作品的鲜明个性。

玛丽娜·格莱波娃创作的手工布艺玩偶作品的色彩非常有特色，低饱和度的颜色却不失层次丰富。由于她对配色的挑剔，在创作初期曾经尝试了很多材料却始终不满意，后来她发现用穿旧有磨损的棉麻面料服装来制作布艺玩偶的服饰，最契合作品的风格定位，从此，确定了她的创作手法。

玛丽娜·格莱波娃从不使用带有夸张图案的面料，只运用纯色、同色系渐变或者带有简单条纹和格子纹样的棉、麻、毛类的天然材质面料进行创作，使布艺玩偶具有质朴而又柔和的气质。也许在一定程度上受到俄罗斯北方严酷的自然环境所影响，玛丽娜·格莱波娃的布艺玩偶的服饰设计中大多用帽子、围巾和高领毛衣将偶包裹得严严实实，以抵抗冬日的寒冷。在特有的装束下，布艺玩偶们散发着温柔而忧郁、静默的气质，透出一种现实主义和怀旧感。

图 67 玛丽娜·格莱波娃创作的陶艺作品

图 68 展览中的玛丽娜·格莱波娃创作的手工布艺玩偶作品

图 69 玛丽娜·格莱波娃创作的手工布艺玩偶及细节。两个布偶以鸟为创作原型，她们分别是马蒂达（Matida）和露易丝（Lois），玛丽娜·格莱波娃称她们是派对女王。玛丽娜·格莱波娃运用的拼合方式并非是我们常见的缝纫方式，她在缝纫布偶身体时将两片面料内折后在外层直接缝合，这样做会形成一个窄小凸起的边线，让她的作品更有三维立体的细节

图 70 玛丽娜·格莱波娃创作的手工布艺玩偶，这个系列作品的主题是《野生森林中的婚礼》

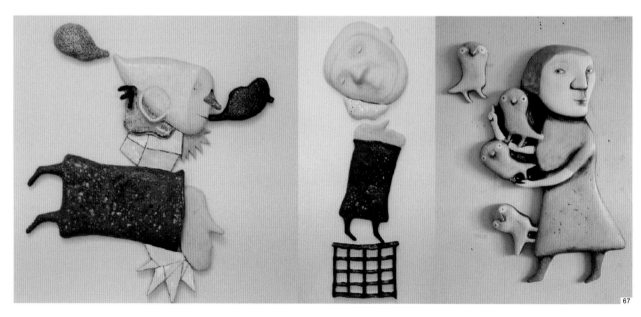

67

68

69

70

111

图71 玛丽娜·格莱波娃创作的手工布艺玩偶，狐狸米卡尔（Mikael）

图72 玛丽娜·格莱波娃创作的手工布艺玩偶，汉普斯（Hampus）

图73 玛丽娜·格莱波娃创作的手工布艺玩偶，狐狸约林（Yolin）

图74 玛丽娜·格莱波娃创作的手工布艺玩偶，小男孩的名字是鲁特（Rut）

图75 玛丽娜·格莱波娃创作的手工布艺玩偶，狐狸科妮莉亚（Cornelia）

图76 玛丽娜·格莱波娃创作的手工布艺玩偶，小女孩的名字分别是索尼娅（Sonja）和安妮卡（Annika）

图77 玛丽娜·格莱波娃创作的手工布艺玩偶，伦纳特月亮熊（Lennart Moon Bear）

图78 玛丽娜·格莱波娃创作的手工布艺玩偶，小红帽（Little Red Riding Hood），以童话故事为素材创作了小红帽和大灰狼形象

图79 玛丽娜·格莱波娃创作的手工布艺玩偶，莫阿（Moa）和波（Bo）

图80 玛丽娜·格莱波娃创作的手工布艺玩偶，灰兔伊恩·马丁森（Ion Martinsso）

图81 玛丽娜·格莱波娃创作的手工布艺玩偶，名为《小男孩和他的幻想》

75

76

77

78

79

80

81

113

6.6 布莱尼·罗斯·詹宁斯（英国）
Bryony Rose Jennings

布莱尼·罗斯·詹宁斯（Bryony Rose Jennings）是一位纤维艺术家，她居住在英国南部的汉普郡（Hampshire）海岸，于2004年毕业于伯明翰珠宝学院后一直在珠宝行业工作并且经营自己的画廊。2007年布莱尼·罗斯·詹宁斯和朋友一起创作了一头和真人同比例的拼布驴，这个作品完全是由废旧面料创作完成的，从此布莱尼·罗斯·詹宁斯开始进行手工布艺创作。

布莱尼·罗斯·詹宁斯将自己的作品定义为纺织品雕塑，且特别注明作品不属于玩具。因为作品里面含有金属丝和小物件，特别是动物的爪子的制作中，常有裸露出来的金属丝，所以她的作品不适合婴儿和小孩子。布莱尼·罗斯·詹宁斯的作品在自己的个人页面上进行售卖，且她会在售卖的页面上为这些作品注明名字和属于这个角色的故事，作品的价格是85～980英镑。

布莱尼·罗斯·詹宁斯进行创作所运用的材料都是废旧织物，如旧衣服、旧窗帘等，她的工作室是一个由囤积的纺织品组成的地下室空间。她的创作开始于对这些材料的收集和整理，从这些旧织物的质地、细节和图案中寻找灵感。

布莱尼·罗斯·詹宁斯称自己是这些失去爱和被抛弃的面料的"守护者"，她曾说：她不想放弃任何一块织物，并且试图利用每一块织物来制作最微小的细节。缝合、填充、拼布、刺绣是她的作品中最常用的工艺手段。布莱尼·罗斯·詹宁斯总能在作品中灵活恰当地运用面料的质地与图案，也会运用抽纱工艺结合手缝线迹进行细节的装饰，将不同材质和图案的面料拼合在一起。图案和色彩的多样性是布莱尼·罗斯·詹宁斯作品的特色，这使她的作品形成了丰富的视觉效果。

动物是布莱尼·罗斯·詹宁斯的创作主题，老鼠、鸟、狗、兔子、松鼠、猫头鹰是她的创作中最为常见的对象。但动物只是她创作表达的载体，布莱尼·罗斯·詹宁斯的创作并不是对动物的客观复制，而是对动物进行超现实的诠释，尝试赋予所创作的动物个性，并且通过它们的姿势和表情传达这些动物布偶的性格。

图82、83 布莱尼·罗斯·詹宁斯创作的老鼠主题纺织品雕塑，颜色饱和度高

图84～86 布莱尼·罗斯·詹宁斯创作的老鼠主题纺织品雕塑，色彩淡雅
图87、88 布莱尼·罗斯·詹宁斯创作的狗主题纺织品雕塑
图89 布莱尼·罗斯·詹宁斯创作的鸟主题纺织品雕塑
图90 布莱尼·罗斯·詹宁斯创作的猫头鹰主题纺织品雕塑，面部层叠的效果充分运用了印花面料的图案
图91 布莱尼·罗斯·詹宁斯创作的松鼠主题纺织品雕塑

84

85

86

88

87

89

90

91

115

6.7 萨莉·马沃（美国）
Salley Mavor

萨莉·马沃（Salley Mavor）毕业于美国罗德岛设计学院插画专业。她发现自己在运用综合材料做插画创作的时候最快乐，且能呈现最好的视觉叙事效果。40多年来，她一直在从事创作三维立体的手工缝纫艺术品。

纺织品是萨莉·马沃创作中最主要的材料，她认为针线比用画笔和渲染更令自己满意。萨莉·马沃形容自己的作品是"Fabric Relief"（织物浮雕）。她的作品应用范围广泛，如儿童绘本、定格动画、展览、玩具产品等领域都有所涉及。她想让自己的创作以这样一种比较亲密的方式与更多的观众分享，而不是悬挂在画廊里被人们看到。

织物绘本《满口袋的花束：幼儿押韵诗珍藏》《Pocketful of Posies: A Treasury of Nursery Rhymes》是萨莉·马沃最为著名的作品，这本绘本由50多个织物作品组成，曾在多个城市巡回展出。

萨莉·马沃尝试将不同的材质运用针线和其他工具，通过多种工艺拼合在一起，创建一个个独特的立体微缩童话场景，而其中的主角就是她创作的手工布艺玩偶。萨莉·马沃将自己的作品描述为"慢艺术运动"，因为她的每一项创作都需要花费大量的时间和精力。

萨莉·马沃所创作的人物手工布艺玩偶的头部是由木质为基材，运用手绘的方式进行五官的刻画。身体和肢体是运用金属丝做一个基本形后在上面缠绕扭扭棒来扩充体积，手和脚也是运用金属丝弯曲成形后运用绣线直接缠绕包裹手指、手掌、脚的部分。如果是制作穿裙子的女孩子布偶，她也会用绣线包裹腿部并通过绣线的颜色来区分腿和鞋子。布偶的服装则大多是运用毛毡面料结合手绘和刺绣工艺进行装饰呈现，也会在配饰部分运用蕾丝或针织工艺进行装饰。同样，动物布艺玩偶也是在金属丝制作的框架上运用多种材质的面料制作而成。因此，金属丝制作基本形这个步骤，是萨莉·马沃的作品中造型呈现的重要环节。

100

图 92 萨莉·马沃手工布艺玩偶头部的创作过程，在大小不一的木珠上刻画五官

图 93 萨莉·马沃手工布艺玩偶手的创作过程，用金属丝弯曲成手的形状

图 94 萨莉·马沃手工布艺玩偶身体的创作过程，在金属丝制成的躯干上缠绕扭扭棒

图 95 萨莉·马沃手工布艺玩偶服装的创作过程，因为服装是直接在身体上缝纫的，所以萨莉·马沃的人偶是不能更换服装的

图 96 ~ 99 萨莉·马沃制作的手工布艺动物玩偶，不织布做底，在此基础上刺绣花纹，也会根据动物皮毛质感更换材料，如运用毛线制作羊的身体

图 100 萨莉·马沃创作的作品《鸟类的毕比森林》（*Birds of Beebe Woods*），2012 年在萨莉·马沃的家乡马萨诸塞州的法尔茅斯镇庆祝城市森林艺术展览的作品，包括红衣主教、五子雀、黑绿莺、雷恩和柔和的啄木鸟、冠蓝鸦、罗宾、金翅雀、雪松连雀、美国乌鸦和山雀，萨莉·马沃想在作品中表现野生动物的特性和传达出森林美丽的自然环境

图 101 萨莉·马沃创作的织物绘本《满口袋的花束：幼儿押韵诗珍藏》封面　　图 102 ~ 107 萨莉·马沃作品中的手工布艺玩偶部分

6.8 塔吉亚娜·帕拉尼丘克（俄罗斯）
Tatyana Parantchuk

塔吉亚娜·帕拉尼丘克（Tatyana Parantchuk）来自于俄罗斯的陶里亚蒂（Tolyatti），是一位手工布艺玩偶艺术家。"车头"（Cabbadgehead）系列作品是她最有特色的手工布艺玩偶作品，作品以精致的服装和身体装饰形成了华丽的视觉效果，以呈现出独有的美学特点。她曾沉浸式形象地说："创作这个系列的过程很容易像毛茸茸的兔子一样快乐地跑来跑去。"

塔吉亚娜·帕拉尼丘克擅长从自然植物中获取创作灵感，在布艺玩偶创作中，她将蔬菜、花卉等植物素材和动物造型有趣地结合起来，形成她独有的艺术特色。塔吉亚娜·帕拉尼丘克创作的植物布艺玩偶多以兔子和熊为原型，塑造了长长的耳朵、大大的鼻子，以及好似聚精会神在观察什么却又呆萌的小眼神。这些小动物被蔬菜围裹着，身着的服装掺杂着植物元素或青苔，有一点脏脏的细腻而生动的感觉。

塔吉亚娜·帕拉尼丘克的手工布艺玩偶做工精细，尤为擅长处理细节的效果，非常适合近距离观看：如局部精美的刺绣纹理、面部特意留下的磨损、缝线做旧的痕迹等，甚至蔬菜叶子边缘有点蔫的效果也淋漓尽致地呈现。

塔吉亚娜·帕拉尼丘克在创作中除了缝纫技巧外还运用了刺绣、羊毛毡、染色、编织等多种工艺相结合，且她会在布艺玩偶的服装或者皮肤局部用各种材质的小珠子进行装饰以增强细节效果。

塔吉亚娜·帕拉尼丘克的作品在用色上十分大胆，拥有橙色、大红色、玫红色皮肤的兔子和宝石蓝色皮肤的熊都在她的作品中出现。在我们的印象中，做旧风格所运用的色彩通常为色彩饱和度较低的咖色系、驼色系、黑白色系，而塔吉亚娜·帕拉尼丘克运用饱和度极高的色彩呈现的做旧风格毫无违和感，且让布偶作品有了更强烈的视觉冲击力。

在俄罗斯社交网站（vkontakte）以及一些艺术博览会上可以看到塔吉亚娜·帕拉尼丘克的作品。

图 108 ~ 110 塔吉亚娜·帕拉尼丘克创作的手工布艺玩偶作品，蔬菜头套部分运用多色线乱针绣结合与整体绿色调的同色系以及与之形成对比色的红色系珠绣进行装饰

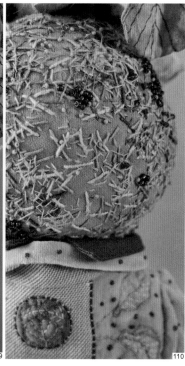

图 111 ~ 113 塔吉亚娜·帕拉尼丘克创作的手工布艺玩偶作品，分别是兔子与黄萝卜、粉萝卜、胡萝卜的组合

图 114 塔吉亚娜·帕拉尼丘克创作的熊和同色系花卉组合的手工布艺玩偶

图 115 塔吉亚娜·帕拉尼丘克创作的兔子和菌菇组合的手工布艺玩偶

图 116 塔吉亚娜·帕拉尼丘克创作的兔子和黑蒜组合的手工布艺玩偶

图 117 塔吉亚娜·帕拉尼丘克创作的兔子和甜菜组合的手工布艺玩偶，布偶的名字是黑尔·斯韦尔尔金

图 118 、119 塔吉亚娜·帕拉尼丘克创作的兔子和卷心菜组合的手工布艺玩偶及细节，服装前片的卷心菜刺绣与头套呼应，布偶的名字是野兔卡普斯金

图 120、121 塔吉亚娜·帕拉尼丘克创作的兔子和紫甘蓝组合的手工布艺玩偶及细节，服装前片为紫甘蓝横切面刺绣，后片为紫甘蓝整体俯视图刺绣

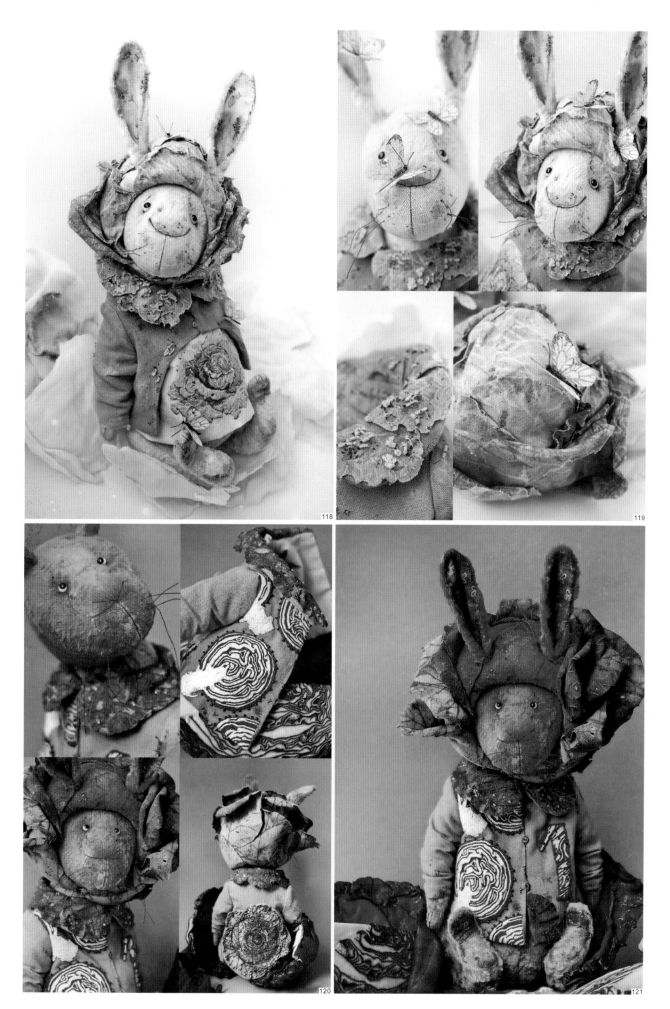

6.9 水岛海因（日本）
Hiné Mizushima

水岛海因（Hiné Mizushima，水島ひね）出生于日本，毕业于日本传统绘画专业，曾在东京担任设计师和插画师。后来她移居罗马、巴黎及纽约，2008 年她从纽约前往加拿大，目前定居在温哥华，并成为以毛毡和不织布为创作材料的纤维艺术家。

在众多运用毛毡做创作的手工艺人中，大多选择猫、狗、兔子等可爱的动物为题材，而水岛海因创作的手工布艺玩偶则主要选择了各种海洋生物，如章鱼、鱿鱼、螃蟹、水母等为题材，以及蜈蚣、蚂蚁等昆虫题材，还有鲜有涉及的内脏元素。这些看起来个性、不常见且略带暗黑的元素，经过水岛海因的诠释，却变得有几分可爱气息。

水岛海因的手工布艺玩偶作品色彩饱和度高，颜色鲜明、对比强烈。工艺上除了羊毛毡和基础的缝合工艺外，也运用了刺绣和珠绣进行装饰。水岛海因喜欢在作品的创作中表现生物的内部结构，如解剖的鱼类、章鱼等，而解剖这个看似血腥的创作角度，却通过特有的毛毡等工艺样式呈现出作品的童趣色彩。

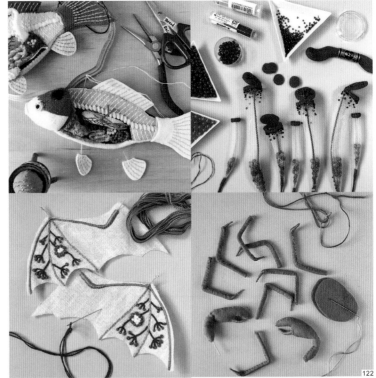

图 122 水岛海因的创作过程
图 123 水岛海因创作的章鱼毛毡玩偶

图 124、125 水岛海因创作的海洋生物毛毡玩偶
图 126 水岛海因运用毛毡和布艺创作的蝙蝠玩偶
图 127、128 水岛海因创作的昆虫手工布艺玩偶
图 129 水岛海因运用毛毡和不织布创作的解剖章鱼手工布艺玩偶
图 130、131 水岛海因创作的解剖鱼布艺玩偶，生动模仿了鱼骨和内脏，并运用塑料制品模仿了血管和鱼籽

6.10 伊琳娜·安德烈娃（俄罗斯）
Irina Andreeva

伊琳娜·安德烈娃（Irina Andreeva）是一个通过羊毛毡创造神奇软雕世界的艺术家。伊琳娜·安德烈娃的创作灵感来自于大自然以及一些特殊的地方，如一所废弃的建筑和房子等。

伊琳娜·安德烈娃在20世纪90年代开始使以羊毛这种极具原生态特点的材料进行作品创作，她并不希望自己的作品被归类或标签。伊琳娜·安德烈娃认为她的作品既不能被称为玩具，也不能被称为雕塑，更不是纪念品和装饰品，她只希望人们能够记住她的作品。伊琳娜·安德烈娃的作品从未出售过，人们只有在伊琳娜·安德烈娃的展览中可以看到它们。

伊琳娜·安德烈娃除了从事手工艺术家创作之外，还从事雕塑和玩具设计，也许是雕塑及玩具设计的知识背景，使她创作的人偶在细节、色彩、轮廓各方面都做得十分到位且有个人风格。伊琳娜·安德烈娃有她独有的色彩理念，这也充分体现在她的作品当中：以黑、白以及不同程度的灰色作为作品基底，或就是黑白灰色系，或在此基调上掺杂某一彩色进去，如热烈浓郁的红色、娇嫩可爱的粉色、开朗阳光的橙色，又或者是偏灰色调的蓝色或紫色。

在伊琳娜·安德烈娃的创作中，人物的头是由本白色的羊毛制作而成，呈饱满的圆球状，而面部仅刻画眼睛（个别作品中有眉毛和下睫毛的刻画），眼睛由两个圆点或两道下弯的弧线形成。人偶以身着不同小裙子和扎不同辫子的女孩形象为主，虽然这些人偶的表情简单，但却非常鲜活灵动。同时，伊琳娜·安德烈娃还会给这些人偶用同样的羊毛材料制作与搭建一个场景，配上各式道具，在场景中实现她构想的世界，带给观众似真似梦的人偶艺术世界。

图132 伊琳娜·安德烈娃的人偶作品中为数不多色彩运用较为丰富的，苹果由印花面料缝纫而成，凹陷的根蒂处用羊毛增加了细节，服装运用面料叠加羊毛形成毛茸茸的质感

图133 伊琳娜·安德烈娃的羊毛毡人偶作品

图134 ~ 136 伊琳娜·安德烈娃的羊毛毡人偶作品，小猫是她的作品中创作频率较高的动物题材

图137 伊琳娜·安德烈娃的羊毛毡场景作品

134

135

136

137

图 138 ~ 141 伊琳娜·安德烈娃的羊毛毡人物和动物作品

6.11 雪莉·桑顿（美国）
Shelley Thornton

雪莉·桑顿（Shelley Thornton）出生于 1950 年，是美国著名的布艺人偶艺术家，生活在美国的内布拉斯加州。据介绍，雪莉·桑顿从两岁之前还没有记忆和意识的时候，就开始进行艺术创作。成年后，雪莉·桑顿在内布拉斯加大学获得美术学士学位，主修版画和平面设计，之后雪莉·桑顿曾做过玩具设计师、平面和动画设计师，在从事了 20 多年插画工作后，于 1993 年开始进行布偶创作，并成为了一名手工布艺玩偶艺术家，在 1995 年作品入选了美国著名的玩偶艺术家协会，曾在美国、俄罗斯、日本、乌克兰、英国、爱尔兰、比利时等地进行展览或者从事布艺玩偶制作教学。

雪莉·桑顿创作布艺玩偶的灵感，通常是从她爱上了一块面料开始的。她把布艺玩偶当作是一幅拼贴画来进行创作，将不同图案、色彩和纹理质感的面料结合在一起，让面料之间形成有意义的关联却又有意料之外的效果。尽管雪莉·桑顿最终所呈现的创作是以人偶为形态，但她始终把创作的过程看作如同是在一幅画布上的表现，用工艺和颜色的语言表达出她的情绪与内心世界。

雪莉·桑顿作品的特点还体现在布艺人偶中运用刺绣完成的针雕脸和她标志性的填充式的布偶头发。雪莉·桑顿的布艺玩偶高约 28 英寸，由一个金属定制的底座对人偶形成支撑，底座上覆盖着面料。布艺人偶的头是由棉麻面料缝合成一个有接缝的头部大体轮廓，并用棉花进行填充而成，面部五官通过针线雕刻形成立体的五官特征后，再用棉质针织"皮肤面料"覆盖，然后再用刺绣工艺为眼睛和嘴巴进行着色。

此外，在布艺人偶的肩膀、肘部、手腕、膝盖关节处，雪莉·桑顿加入木制的球形接头进行连接。其中肩膀处以直角对木球进行钻孔，以方便布偶手臂的升降和旋转，以便人偶的陈列与动态表现。

图 142 正在进行手工布艺人偶创作的雪莉·桑顿

图 143 雪莉·桑顿布艺人偶内部的结构，进行连接的木制球形关节以及支撑人偶的金属底座支架

　　填充式的头发制作方式，是雪莉·桑顿的标志性设计风格和最容易对其作品进行辨识的元素，其制作顺序是先将面料缝制成的"发套"，像戴帽子一样和头部缝合到一起，然后再将头发的形状一块块缝好拼合到"发套"上，这需要非常精湛的缝纫技术和技巧才能完成。值得一提的是，雪莉·桑顿的布艺人偶中，每一个人偶的发型都是不一样的，他们的造型有的基于现实中的参考，有的则在头发造型上加入动物、植物等元素。

　　雪莉·桑顿创作的布艺玩偶基本都是女孩形象，且赋予了不同国家、不同肤色、不同发色的女孩造型。

图 144 雪莉·桑顿的手工布艺人偶正反面，《查伦》（Charlene），创作于 2003 年

图 145 雪莉·桑顿的手工布艺人偶正反面，《哈丽特》（Harriet），创作于 2015 年

图 146 雪莉·桑顿的手工布艺人偶及头发缝合细节，把花卉元素融入发型设计中，头发仿佛开出花卉的枝干，《皮帕》（Pippa），创作于 2011 年

图 147 雪莉·桑顿的手工布艺人偶，《吉恩》（*Jean*），创作于 2018 年

图 148 雪莉·桑顿的手工布艺人偶，《贝丝》（*Bess*），创作于 1999 年

图 149 雪莉·桑顿的手工布艺人偶，根据服饰和发型看出这是一位中国女孩的形象，《梅》（*Mei*），创作于 2004 年

图 150 雪莉·桑顿的手工布艺人偶，《博蒂》（*Birdie*），创作于 2019 年

图 151 雪莉·桑顿的手工布艺人偶，《伊万杰琳》（*Evangeline*），创作于 2011 年

图 152 雪莉·桑顿的手工布艺人偶，《乔迪》（*Jody*），创作于 2004 年

图 153 雪莉·桑顿的手工布艺人偶，《曼迪》（Mandy），创作于 2005 年

图 154 雪莉·桑顿的手工布艺人偶，《尼娜和斯威夫特》（Nina and Swift），创作于 1999 年

图 155 雪莉·桑顿的手工布艺人偶，《雷米》（Remy），创作于 2009 年

6.12 艾丽丝·玛丽·林奇（英国）
Alice Mary Lynch

艾丽丝·玛丽·林奇（Alice Mary Lynch）是一位手工布艺玩偶艺术家。她在英国的萨默塞特郡（Somerset）长大，父母都是绘画艺术家，使她从小在一个富有创造力的环境中长大。艾丽丝·玛丽·林奇从小就很喜欢逛跳蚤市场和看马戏，幻想在童话的世界里生活。成年后她在英国伦敦金斯顿大学（Kingston University）接受了时装设计训练，曾在法国巴黎为约翰·加利亚诺（John Galliano）、克里斯蒂安·迪奥（Christian Dior）和索尼娅·瑞基尔（Sonia Rykiel）担任设计师，这些经历让她磨砺出成熟的缝纫技巧和审美能力。在巴黎生活了多年后，艾丽丝·玛丽·林奇搬回她成长的英国的萨默塞特郡，目前与她一起生活的还有她日本丈夫和两个女儿。

艾丽丝·玛丽·林奇创作的手工布艺玩偶曾收到世界各地的设计师和私人订制，也曾和世界最负盛名的奢侈品百货公司哈洛德百货（Harrods）进行过系列合作，这些订单布偶全部由艾丽丝·玛丽·林奇手工制作完成。2016 年，她举办了一场名为"冬季马戏团"的个人表演，门票售罄。2017年,她的作品在伦敦乔纳森·库珀画廊(Jonathan Cooper Gallery）举办的名为"中了魔法"（Enchanted）的个展。不得不说，艾丽丝·玛丽·林奇的作品在商品和艺术品中间作出了很好的平衡。

图 156 正在进行手工布艺玩偶创作的艾丽丝·玛丽·林奇
图 157 艾丽丝·玛丽·林奇创作的手工布艺玩偶，《冬季马戏团》（*Winter Circus*）
图 158 艾丽丝·玛丽·林奇创作的手工布艺玩偶，《银色公爵》（*Silver Duke*）

131

艾丽丝·玛丽·林奇的创作灵感来自于她家附近的野生动物、老照片、戏剧、马戏团、芭蕾舞剧、歌舞表演、音乐、童话以及她两个女儿的想象世界。兔子、狐狸、马、猫等动物主题和人物主题都是艾丽丝·玛丽·林奇的创作对象。

在艾丽丝·玛丽·林奇作品中能非常明显地看到西方戏剧、马戏团等舞台表演元素的痕迹，如夸张的蕾丝薄纱拉夫领。她的创作通常是从一个想法开始，有时是一个草图，有时是一块旧面料，艾丽丝·玛丽·林奇尤其喜欢视觉感丰富、质地奢华的面料，如丝绒、天鹅绒、薄纱和蕾丝、双层面料等。在艾丽丝·玛丽·林奇创作的手工布艺玩偶中，亮片、串珠和各种珠宝的运用也是她作品的特色之一。

图 159 ~ 164 艾丽丝·玛丽·林奇于 2017 年在乔纳森·库珀画廊展出的手工布艺玩偶，分别是《许愿兔》（Wishing Hare）、《跳舞的狐狸》（Foxtrot）、《占星师》（Stargazer）、《黎明华尔兹》（Dawn Waltz）、《开心的粉色》（Tickled Pink）、《魅人者》（The Enchanter）

图 165 ~ 167 艾丽丝·玛丽·林奇 × 哈洛德百货的手工布艺玩偶作品，分别为《皮埃罗兔布兰科》（Blanco the Pierrot Hare）、《月光兔》（Moonshine Hare）、《金色情侣》（The Golden Couple），2018 年
图 168、169 艾丽丝·玛丽·林奇 × 哈洛德百货的手工布艺玩偶作品，分别是《粉红月亮兔女郎》（Pink Moon Lady Hare）、《甜蜜生活》（La Dolce Vita），2019 年
图 170、171 艾丽丝·玛丽·林奇 × 哈洛德百货的手工布艺玩偶作品，分别是《庄园主》（Lord of the Manor）、《鼠王》（Mouse King），2020 年
图 172、173 艾丽丝·玛丽·林奇 × 哈洛德百货的手工布艺玩偶作品，分别是《迪尔夫妇》（Mr and Mrs Deer）、《滑雪兔》（Ski Bunnies），2021 年

6.13 纳斯塔西娅·舒尔雅克（俄罗斯）
Nastasya Shuljak

俄罗斯莫斯科的艺术家纳斯塔西娅·舒尔雅克（Nastasya Shuljak）生长在一个自然优美的环境中，童年的她是在海边的一个小镇度过的，她经常和父母去到森林里，享受着周围的自然气息。

纳斯塔西娅·舒尔雅克曾是戏剧艺术家兼艺术教师，她开始用羊毛毡制作玩偶作品始于朋友送给她一些羊毛，她用这些羊毛制作了一只熊和一只兔子，从那以后一发不可收拾，纳斯塔西娅·舒尔雅克的动物园的成员一直在增加。

纳斯塔西娅·舒尔雅克的作品会进行出售，也会开设制作这些作品的课程，只是不想在画廊里展示她的作品，甚至她不视它们为艺术品。她认为每一件作品只是一些制作的小小快乐，因此纳斯塔西娅·舒尔雅克尽量把作品做得很小，减免不必要的细节。

纳斯塔西娅·舒尔雅克创作的动物、植物和其他羊毛毡制成的生物，看起来很可爱：圆滑的立方体和球形的大身体压在短小的四肢上，面部都是两个黑点作为眼睛、微笑的嘴巴，让这些生物看上去憨态可掬。

纳斯塔西娅·舒尔雅克的羊毛毡制作工艺娴熟，混色自然且羊毛毡毡化紧实，虽然作品尺寸较小但是看上去十分有分量感。纳斯塔西娅·舒尔雅克通过作品中轮廓的节奏和特征、纹理、颜色的统一，形成自己创作的语言，极具个人特色。

图 174 纳斯塔西娅·舒尔雅克的羊毛毡玩偶，将植物赋予人物和动物的肢体和五官
图 175 纳斯塔西娅·舒尔雅克的羊毛毡玩偶，矮胖的身体憨态可掬

图 176 ~ 178 纳斯塔西娅·舒尔雅克的植物题材羊毛毡玩偶
图 179 ~ 181 纳斯塔西娅·舒尔雅克的动物题材羊毛毡玩偶，尺寸较小

6.14 Modflowers（英国）

Modflowers，mod 在英文中指摩登派、时髦的、新潮的；flower 指花朵。Modflowers 并不是一位艺术家，而是一个由女性组成的队伍的名字，以运用面料，偶尔穿插运用一些黏土创作手工布艺玩偶为特色。Modflowers 除了一些和品牌合作的作品外，几乎完全是运用回收再利用的材料进行创作。

Modflowers 的创作始于成员对复古面料的热爱，Modflowers 的名字也来自团队主理人所钟爱的 20 世纪 60 年代和 70 年代的复古花卉面料设计。起初，她们运用旧面料制作坐垫，后来将垫子开始发展成猫和人形等布艺玩偶。作品除了运用复古面料外，她们还将垫子里面的棉花掏出来作为填充物，从慈善商店（通过出售捐赠的衣物募集慈善资金）里寻找复古线、纽扣，以及旧珠宝中回收的碎片。

图 182 Modflowers 品牌主理人的家，也是她日常工作的地方，摆满了 Modflowers 的手工布艺玩偶
图 183 Modflowers 的天使手工布艺玩偶
图 184 Modflowers 运用的利伯缇印花面料

Modflowers 最让人惊艳的作品是和国际知名艺术家兼面料设计师莎拉·坎贝尔（Sarah Campbell）合作的手工布艺玩偶系列。作品所有使用的面料（布偶皮肤和装饰物除外）都是莎拉·坎贝尔为英国顶级面料品牌利伯缇所设计的。Modflowers 运用这些色彩丰富的印花面料，制作了人形和动物形布艺玩偶的服饰。

图185 Modflowers × Sarah Campbell 手工布艺玩偶，面部运用贴布工艺和底部印花面料缝合在一起
图186 Modflowers 手工布艺玩偶制作过程
图187、188 Modflowers × Sarah Campbell 人形手工布艺玩偶及细节图，头发运用刺绣工艺，五官运用手绘的方式
图189 Modflowers × Sarah Campbell 手工布艺玩偶，猫和人物元素相结合
图190 Modflowers × Sarah Campbell 人形手工布艺玩偶

6.15 MUC-MUC（波兰）

MUC-MUC 是一个波兰的手工布艺玩偶品牌，品牌创始人是德·布里埃拉（De Gabriela）。由于德·布里埃拉对室内装饰特别感兴趣，所以她把 MUC-MUC 定位为有装饰功能的手工布艺玩偶品牌。MUC-MUC 的手工布艺玩偶在网站上进行售卖，一只的价格约 65 欧元。

德·布里埃拉设计的灵感来源艺术家对周围色彩的感悟，人物和兔子是 MUC-MUC 的创作题材。在造型上，MUC-MUC 的布艺玩偶非常具有特点：人物和兔子都没有手臂和脖子，圆滚滚的脑袋下面直接连接身体和腿。这使得布偶的版形非常简单，同时也成为 MUC-MUC 品牌最重要的辨识度。

MUC-MUC 布偶的头和身体由有弹性的针织面料制作而成，面部五官十分简单，几乎只有通过刺绣表现的眼睛。因为没有胳膊，所以 MUC-MUC 布偶的服装几乎是一个"桶"状。另外，所有 MUC-MUC 的布偶都戴着一顶针织帽子（个别不戴帽子或帽子材质为人造毛）。

MUC-MUC 的手工布艺玩偶在色彩上选用低饱和度，以柔和的色系呈现出复古而温暖人心的布偶艺术。

192

191

193

图 191 ~ 202 MUC—MUC 品牌的人物、兔子题材手工布艺玩偶

6.16 约翰娜·弗拉纳根（英国）
Johanna Flanagan

约翰娜·弗拉纳根（Johanna Flanagan）是一位纺织艺术家和传统服装设计师，她居住在苏格兰格拉斯哥。约翰娜·弗拉纳根创作的手工布艺玩偶有非常明显的辨识度，以强烈的暗黑风格，呈现出破旧、衰败、颓废的布偶造型艺术。所以约翰娜·弗拉纳根的布偶作品不再适合小朋友，而是作为一种艺术收藏品，作品在其个人网站上进行售卖。

约翰娜·弗拉纳根的作品创作，选用天然草木染为手工布艺玩偶进行染色，如野生荨麻、洋葱、桉树叶等。草木染的特性，也决定了制作布偶的材料选用棉、丝绸、羊毛等天然成分的面料。约翰娜·弗拉纳根通过野生荨麻染色获得的深绿色面料，结合布偶表面做旧处理，形成自然的水渍痕迹，并在局部或整体染色形成晕化的"黑脸"，再运用手绘的方式表现人物五官，使人感觉到近似"素描"艺术的笔触与造型，也有近似中国写意画的韵味。

约翰娜·弗拉纳根制作的手工布偶以表现女性为主，且人偶几乎不着衣装，直接呈现女性的体态，布偶还拥有长而瘦、松软的手臂和腿。约翰娜·弗拉纳根还通过缝纫线迹形成表面的装饰效果，手工缝纫后将线收紧在皮肤表面形成褶皱，以进一步强化作品的暗黑风格。

图203 约翰娜·弗拉纳根手工布艺人偶的创作过程
图204 约翰娜·弗拉纳根布艺人偶的纸版

图205 约翰娜·弗拉纳根的工作室一角
图206 约翰娜·弗拉纳根手工布艺人偶作品，《吉尔达和她的木玩具》（Gilda And Her Wooden Doll）
图207 约翰娜·弗拉纳根的手工布艺人偶作品，运用复古风格的旧面料拼合制作身体
图208 约翰娜·弗拉纳根的手工布艺人偶作品，手绘面部五官的细节图
图209 约翰娜·弗拉纳根的手工布艺人偶作品，《生日蓝色兔子》（Birthday Blue Rabbit），是约翰娜·弗拉纳根创作的第二只兔子布偶，也是第一只穿衣服的作品

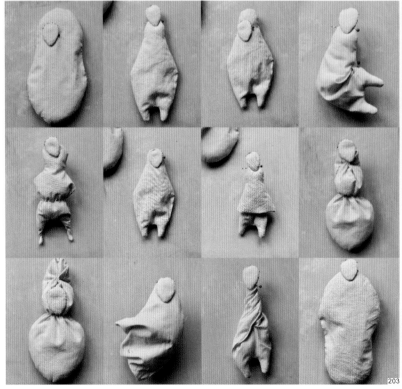

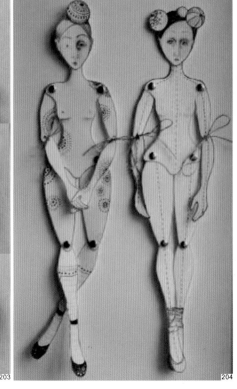

203

204

205

206

207

208

209

图 210 约翰娜·弗拉纳根兔子手工布偶，《康斯坦斯和菲菲》（*Constance and Fifi*）

图 211 约翰娜·弗拉纳根手工布艺人偶

图 212 约翰娜·弗拉纳根手工布艺人偶面部细节

图 213 约翰娜·弗拉纳根兔子手工布偶，《贝拉》（*Bella*）

图 214 约翰娜·弗拉纳根手工布艺人偶，胸前刺绣图案细节

图 215 约翰娜·弗拉纳根手工布艺人偶，《荨麻染色的宁芙》（*Nettle dyed Nymph*）

6.17 安妮·瓦莱丽·杜邦（法国）
Anne Valerie Dupond

　　安妮·瓦莱丽·杜邦（Anne Valerie Dupond）于1976年出生于法国，毕业于法国斯特拉斯堡造型艺术学院（Marc Bloch University）。安妮·瓦莱丽·杜邦被称为布艺雕塑艺术家，同时也是艺术与品牌跨界合作的一个成功典范艺术家。曾合作的品牌有KENZO（法国时装品牌）、Undercover（日本服装品牌）、山本耀司（日本服饰品牌）、Le Printemps（法国巴黎春天百货公司）、Medicom Toy（日本玩具品牌）、SOUTHFINESS（中国潮牌）等。可以说，安妮·瓦莱丽·杜邦的作品被出售到世界各地。

　　安妮·瓦莱丽·杜邦以各种再生纤维、回收布料作为创作材料。她热爱搜集古旧服装、老旧窗帘、复古蕾丝等纺织品，并将它们通过棉花填充物，针线缝纫，以纯手工的方式进行创作，她将质地柔软的面料通过分解和拼合制作出大理石雕像般的体积感。安妮·瓦莱丽·杜邦创作的题材有动物和人物，动物题材有熊、猪、大象等大型动物，以及昆虫等；人物题材如历史人物的半身像、仿巴洛克雕塑等，这些雕塑绝大部分运用白色面料和黑色的线，以黑白的反差对比形成强烈的视觉冲击。

　　安妮·瓦莱丽·杜邦的作品被评论为存有"暴力美学"造型特性，体现在精准到位的缝纫线的痕迹，既耐人寻味，又具有破坏性的美感。

图216 安妮·瓦莱丽·杜邦 × KAYO NAKAMURA by Y's（日本服饰品牌Y's的配饰副线，创立于2013年），2020年

图217 安妮·瓦莱丽·杜邦 × KENZO，2001年

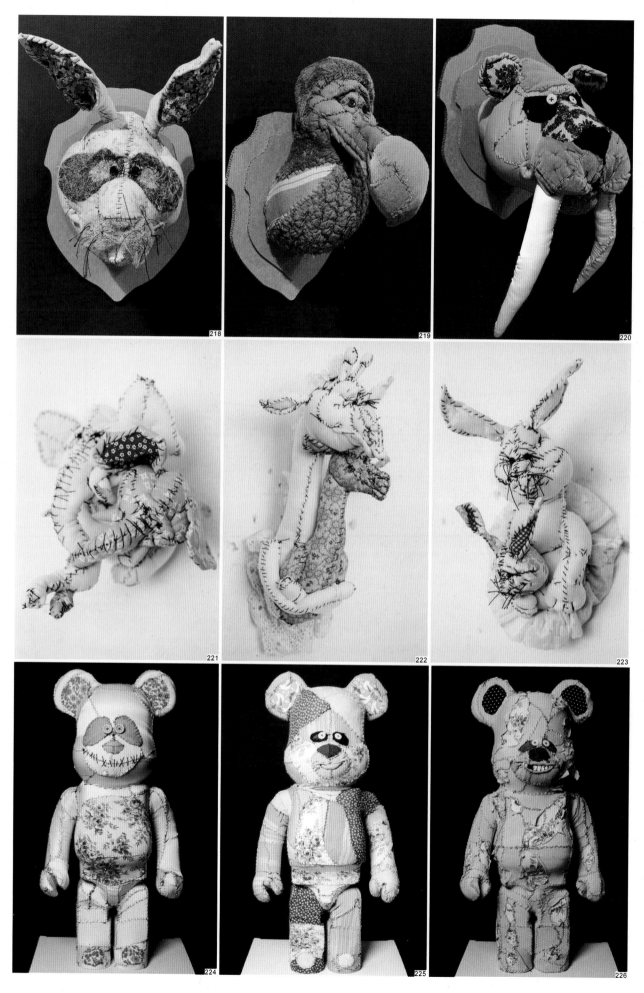

图 218 ～ 220 安妮・瓦莱丽・杜邦的动物手工纺织品雕塑作品，体现多种
图案和材质的面料拼合

图 221 ～ 223 安妮・瓦莱丽・杜邦的动物手工纺织品雕塑作品

图 224 ～ 226 安妮・瓦莱丽・杜邦 × Medicom Toy，从相同动态的熊作
为基底进行创作，不同面料的拼合形成不同的艺术效果，2021 年

图 227 ～ 230 安妮・瓦莱丽・杜邦 × Medicom Toy，多个有獠牙的怪兽
形象的手工纺织品雕塑作品

图 231 ～ 234 安妮・瓦莱丽・杜邦的人物肖像手工纺织品雕塑作品

6.18 弗雷德里克·莫雷尔（法国）
Frédérique Morrel

法国设计师弗雷德里克·莫雷尔（Frédérique Morrel）的奶奶是一位传统的手工针艺人，伴随着奶奶的过世，弗雷德里克·莫雷尔家中留下了大量奶奶制作的手工刺绣及半成品，而奶奶生前的一幅大型刺绣作品不幸丢失让弗雷德里克·莫雷尔深受打击，她不愿让奶奶的作品堆叠在储物间而开始关注古董老绣片面料，并开始思考如何将即将销声匿迹的老手工艺重新带回到当今生活中，使其重新拥有应有的价值。

弗雷德里克·莫雷尔和她的丈夫阿龙·莱文（Aaron Levin）一起将这些老旧的绣片重新演化：用手工针织挂毯、老绣片和人工材料制作的动物模型相结合，打造出灵气动人的布艺动物雕塑。

弗雷德里克·莫雷尔收藏了数量可观的老绣片，她非常注重这些老绣片上面的图案花纹，在她眼里，每个时代的产物都直观地反映了当时特有的文化特征。在一次采访中，弗雷德里克·莫雷尔提到了《了不起的盖茨比》中的一段话："于是我们奋力向前，逆水行舟，直至回到往昔岁月。"——这也许道出了她艺术创作的灵魂。

弗雷德里克·莫雷尔认为自然界中的大多数动物对人类而言都有衍生的象征意义，所以她选择动物作为这些旧织物的载体。鹿是弗雷德里克·莫雷尔最喜欢制作的动物题材，因为她认为鹿象征了新生，她曾说"鹿是大自然中的隐藏力量及其永葆活力的一种存在"。鹿在悬崖峭壁中完成的每一次跳跃都意味着从一个世界向另一个世界的跳跃，就像被人们淘汰的旧织物经过弗雷德里克·莫雷尔的二次创作后获得新生一样。

在弗雷德里克·莫雷尔创作的看似逼真的动物标本作品中，其主体部分是由人工材料制作的模型，少量部位使用了动物身上不会腐坏的真实材料，例如鹿角、鹿蹄和少量的皮毛。动物主体部分完成后，弗雷德里克·莫雷尔再对古董绣片、挂毯等旧织物进行裁剪后覆盖在上面。弗雷德里克·莫雷尔的作品几乎都是按照动物真实大小的比例还原的，大型动物如制作一匹马，会需要三个人花费十天左右的时间才能制作完成。

弗雷德里克·莫雷尔在创作中使用的老绣片大多都是绒绣作品。绒绣也称为"绒线绣"，起源于欧洲，是一种在特制的网眼麻布上，用彩色的羊毛绒线绣出各种画面和图案的刺绣，与常见的十字绣很类似。

图235 弗雷德里克·莫雷尔的动物手工纺织品雕塑作品

图236～239 弗雷德里克·莫雷尔的兔子题材手工纺织品雕塑作品
图240 弗雷德里克·莫雷尔的野猪题材手工纺织品雕塑作品
图241 弗雷德里克·莫雷尔的人骨架手工纺织品雕塑作品
图242 弗雷德里克·莫雷尔的山羊题材手工纺织品雕塑作品

235

236

237

238

239

240

241

242

147

图 243 弗雷德里克·莫雷尔的鹿题材手工纺织品雕塑作品，不同年龄阶段的鹿的形象，全身像及头像

243

值得一提的是，瑞典艺术家乌拉·斯蒂娜·维坎德（Ulla Stina Wikander）进行艺术创作的方法和弗雷德里克·莫雷尔非常类似。乌拉·斯蒂娜·维坎德居住在斯德哥尔摩，是一名以刺绣雕塑作品著名的艺术家，但她本人其实并不会刺绣。乌拉·斯蒂娜·维坎德被经常出现在旧货摊的手工绒绣绣片吸引后开始收藏它们，直至2012年，收藏绣片十余年后的一天，乌拉·斯蒂娜·维坎德家中的一台吸尘器坏掉了，她用老旧片将它包裹起来，看上去就像一个吸尘器造型的布艺玩具，从此乌拉·斯蒂娜·维坎德开始进行刺绣雕塑的创作。乌拉·斯

蒂娜·维坎德的创作对象主要为器物，她尤其喜欢20世纪70年代的家庭器具，如缝纫机、打字机、搅拌机、熨斗、电视机、电话机、闹钟等。

注：乌拉·斯蒂娜·维坎德的作品并不具备玩偶性质，仅作为弗雷德里克·莫雷尔作品的拓展。

图244～250 乌拉·斯蒂娜·维坎德的刺绣软雕塑作品，运用老绣片包裹了各种家居用品

参考文献

图书

[1][法] 米歇尔·芒松 . 永恒的玩具 [M]. 天津：百花文艺出版社，2004.

[2] 李友友 . 民间玩具 [M]. 北京：中国轻工业出版社，2005.

[3] 张剑，薛峰，孙欣 . 玩具设计 [M]. 上海：上海人民美术出版社，2006.

[4] 周旭 . 中国民间美术概要 [M]. 北京：人民美术出版社，2006.

[5] 李珠志 . 玩具造型设计 [M]. 北京：化学工业出版社，2007.

[6] 倪宝诚 . 布玩具 [M]. 上海：上海远东出版社，2010.

[7][美] 苏珊娜·奥洛叶 . 世界经典玩偶艺术形象——从艺术构思到制作 [M]. 北京：旅游教育出版社，2010.

[8][日] 柳宗悦 . 工艺文化 [M]. 南宁：广西师范大学出版社，2011.

[9][挪] 托恩·芬南吉尔 .TILDA'S 风靡北欧的居家布艺 [M]. 郑州：河南科学技术出版社，2013.

[10] 贾荣林，丁肇辰，何颂飞 . 中国元素公仔与延伸品设计 [M]. 北京：中国纺织出版社，2014.

[11][美] Oroyan S.Designing the Doll[M].C&T Publishing，1999.

[12][美] Culea PM. Creative Cloth Doll Faces[M].Quarry Books，2004.

[13][美] Culea PM. Creative Cloth Doll Beading[M].Quarry Books，2007.

[14][美] Shrader V.500 Handmade Dolls[M].Lark Books，2007.

[15][美] Herlocher D.200 Years of Dolls[M].Krause publications，2009.

[16][美] Willis B. Cloth Doll Artistry[M].Quarry Books，2009.

期刊论文

[1] 滕晓铂 . 芭比进化史 [J]. 装饰，2009(7)：24-31.

[2] 李国庆 . 艺术玩偶的升值潜力 [J]. 中华手工，2010(7)：73-75.

[3] 郑冬梅，梁琳琳 . 人偶艺术探秘 [J]. 大众文艺，2011(13)：133-134.

[4] 王需 . 中外民间人偶艺术的文化功能与变迁 [J]. 美术时代 (上)，2012(5)：42-45.

[5] 单秀梅 . 论新疆民族工艺美术新发明绣塑艺术 [J]. 标准生活，2012(8)：59-62.

[6] 叶娟 . 刺绣在玩偶布艺设计中的运用 [J]. 现代商业，2015(36)：165-166.

[7] 潘颖佳，张新克 . 手工布偶造型设计探讨 [J]. 艺术与设计 (理论)，2015，2(4)：95-97.

学位论文

[1] 何其兴 . 民间玩偶和现代玩偶的设计比较研究 [D]. 无锡：江南大学，2009.

[2] 刘洋 . 布艺人偶设计研究 [D]. 上海：东华大学，2013.

[3] 张萌 . 西方服装人偶发展历程研究 [D]. 苏州：苏州大学，2015.

[4] 傅鹏瑾 . 手工艺装饰在布偶设计中的运用研究 [D]. 上海：东华大学，2019.